魔法金钱手账

左莹 / 著 曾妍 / 绘

中信出版集团 | 北京

图书在版编目（CIP）数据

魔法金钱手账 / 左莹著；曾妍绘 . -- 北京：中信
出版社 , 2025. 1. -- ISBN 978-7-5217-6822-0

Ⅰ . TS976.15-49

中国国家版本馆 CIP 数据核字第 20247AU263 号

魔法金钱手账

著者： 左莹

绘者： 曾妍

出版发行：中信出版集团股份有限公司

　　（北京市朝阳区东三环北路 27 号嘉铭中心　邮编　100020）

承印者： 中煤（北京）印务有限公司

开本：787mm×1092mm　1/16　　印张：13.25　　字数：123 千字

版次：2025 年 1 月第 1 版　　印次：2025 年 1 月第 3 次印刷

书号：ISBN 978-7-5217-6822-0

定价：59.00 元

要重视对青少年的金融教育

现在人们越来越重视青少年学生课堂外知识的教育培训和素质养成。尽管对这一现象的看法不尽一致，但总体而言，大家对增强青少年的通识教育是赞成的。当然，随着社会和经济的发展，我们也可以发现，现在对孩子们的培训教育（这里主要说的是课外的培训教育）基本还是围绕如何开发和提升他们的"智商""情商"等方面来开展的，似乎缺少了一块关于"财商"的内容。

财商是指一个人在财务方面的智力和能力，通俗地说也就是一个人正确认识金钱、财产及其相关规律的能力。青少年时期是财商的重要培育期，现在国际上很多发达国家都已从国家战略层面着手青少年财商教育的普及。英国、澳大利亚等国将财商教育纳入了国家基础教育体系，美国、日本、加拿大等国成立了专门的机构负责推动财经素养教育。2012 年开始，经济合作与发展组织（OECD）在国际学生评估项目（PISA）的测评中将"财商"作为评价学生素质的重要一项。

在我国，青少年财商教育也越来越受到国家及社会各界的关注。

自2013年起，国务院办公厅、教育部、人力资源和社会保障部、银监会①、证监会等先后出台了多项文件和政策措施，要求"将投资者教育逐步纳入国民教育体系"，提出建立金融知识普及长效机制，切实提高国民金融素养，推动大中小学积极开设金融基础知识相关课程，"积极开展常态化、丰富多彩的消费观、金融理财知识及法律法规常识教育"。2019年3月，证监会、教育部还联合印发了《关于加强证券期货知识普及教育的合作备忘录》，推动证券期货知识有机融入课程教材体系，提升教师队伍金融素养，创新证券期货知识的学习、应用方式，鼓励、引导社会各界加大资源投入力度。可以预见，从国家层面，将财商教育纳入国民教育体系已成为未来重要的发展趋势。

目前国内教育部门已开始发力，据悉北京师范大学成立了北师大财经素养教育研究中心，推出了中国K12（从幼儿园到高中）财经素养教育项目，联合清华大学、北京大学、中央财经大学等国内高校的师资力量，在北京中关村一小、海淀实验二小、世纪阳光幼儿园、广州市桥中心小学等全国10余所学校和幼儿园进行了试点授课，得到了老师和学生的好评。

随着国内个人投资理财市场的发展，一些银行、保险、证券、

① 2018年银监会与保监会合并为银保监会。2023年在银保监会基础上组建国家金融监督管理总局。 ——编者注

基金等机构在进行投资者教育的过程中，根据客户的需求，开始将教育对象的年龄进一步下沉。特别是近年来随着私人财富管理业务快速发展，人口年龄结构变化，财富传承逐渐提上财富客户的议事日程。一些金融机构、第三方财富管理机构和家族办公室等，为满足客户的差异化服务需求，均不同程度、不同范围开展了针对二代的财商培训、亲子教育活动。与此同时，随着我国普通居民投资热情的增长，金融机构正在通过与一些教育培训机构、医疗服务机构、社区等的合作，扩大投资者教育的范围。近年来，地产物业公司、律师事务所、会计师事务所、留学服务中介机构等也开始注重为客户提供财商学习服务。

除了传统的线下活动，近年来线上教育正在成为新的方向。利用移动互联网、大数据、人工智能等，不少机构通过手机应用和网站开设专门的板块，设立专门的入口，为投资者提供资讯、工具、金融知识科普服务，为大众提供丰富的金融、理财知识的学习资源。

近年来，在一些地方还出现了专门从事财商教育的培训企业。这些企业多由曾在金融机构从业的理财师和专业讲师发起成立并开发课程，为金融机构的投资者教育提供服务，或与K12的培训机构联合，将财商教育纳入孩子们的素质教育项目。

部分财经媒体联合专家学者、学研组织，举办各种形式的论坛、研讨会，推动经济金融知识在大众中尤其是青少年中的普及。

社会上也出现了一些公益性的组织，与中小学校合作，开展面向更多普通家庭青少年的财商教育活动。

一些文化出版机构对于大众的文化消费需求反应也十分敏锐。国内图书市场的金融类图书产品已经从起初面向专业机构的从业者到面向大众读者，从国外的优秀读物引进到本土原创作品开发，层次逐步多样化，品种日渐丰富。近年来，还出现了专门面向青少年的金融知识普及读物。这些无疑都很好地推动了国内财商教育的发展。

我认为今天之所以有条件专门来研究和讨论青少年财商教育这个话题，离不开改革开放40多年来的社会进步和经济发展，离不开这些年一直强调的"教育是国之大计"。

近几年，我国关于财商教育的认知在不断深化。财商教育的目标不是财富，而是幸福。财商教育的根基不是理财知识，而是价值体系。财商教育的场所不仅仅在课堂，更是在家庭、在社会。

勤劳致富是中华民族的传统美德。如何随时代发展，树立正确的劳动价值观，创造美好生活，是中国人的精神追求。财商教育要立足于此，不仅帮助人们更好地认识财富、创造财富，还要进一步提高大家科学、合理地运用经济金融知识实现财富的保值增值和有序传承的能力。从小的方面讲，让财富为幸福生活服务，从大的方面说，让财富为国家和社会的和谐与进步服务。

当然，不可否认，目前国内青少年金融教育的发展还相对滞后，亟须提高的方面还有不少。

首先，公众尤其是父母，对青少年财经素养教育的认识和重视程度不足。中国的学生普遍课业压力大，虽然已经有一部分父母认识到财经素养教育的重要性，但还有很多父母更多的是关注孩子的校内课业成绩。即使是明白财经素养教育重要性的父母，也可能因为自身对经济金融不够了解，而无法更好地引导孩子学习经济金融知识、提升财经素养。对青少年进行财经素养教育，第一步是要让家长乃至整个社会有意识、有能力去引导和培养孩子的财经素养。在这方面还有一些认识需要澄清。要搞清楚对青少年加强财商教育，并不是要把孩子们都培养成金融从业者，也不是要让孩子们从小就整天琢磨如何投资、如何理财、如何赚钱，而是要让青少年了解金融在社会发展、经济运行中的基本作用；懂得财富应该通过劳动（包括体力劳动和脑力劳动）而获得，期盼不劳而获、希望一夜就能暴富是不行的；要让青少年知道财产是可以投资的，投资是可能带来财富的保值、增值的，同时也是可能带来风险和损失的，对增值保值获益的预期要合理，对风险的掌控要在自己心理和财力承受范围内；要让青少年了解在社会生活和经济生产中是可以借钱（负债）的，但借钱是要还的，讲信用是一件十分重要的事情，负债不能过度，欠债不能要赖。

目前，国内还缺少权威、系统又全面的青少年财经素养教育知识体系，尤其是适合中国国情的知识体系。国外不乏许多普及经济、金融、个人理财的通识读本，但鉴于国情不同、经济社会文化背景不同，国外这方面的知识体系，我们不能全盘接收，而是要进行鉴别判断，选取适合我们的知识内容。

此外，国内的相关师资力量还有待完善和提高，不少财商教育项目的内容质量不高、教学手段相对单一。在科技发展日新月异的今天，教育的形式已得到极大扩展。尤其是随着5G时代的来临，视频、直播等方式让教育随时、随地。这无疑为财经素养教育这一与人们日常生产生活关系十分密切的领域提供了新的条件，不仅仅是青少年，家长、教师、学校都应该善于利用这些新技术。

相对于传统的学科教育，青少年财经素养教育是一种素质教育、能力教育，既具有一定的基础性，又具有很强的专业性。因此，它的发展与普及，不仅仅是教育部门的事情，更需要文化部门、金融部门、科研部门等社会多方跨界协作。

中信出版集团与有关方面合作，准备推出"青少年财经素养培优"项目，这是一件很有意义的事情。希望这个项目能以优质的内容，搭建起一个图书、教材教具、理财游戏、模拟体验、线上音视频课程、线下论坛、冬/夏令营、财商训练营、师资培训、机构内容服务等多元化的产品与服务体系，摸索出一条具有我国特色的青少年财商教育培训的路子。在这个过程中，要充分发挥出版社的优势，按照读者年龄段进行细分，为不同的群体量体裁衣，进行不同金融基础知识的内容出版及产品匹配。其中，书系不仅要包括国外经典图书，更要有更多的国内一批专家总结凝练出的适合我们自己的财经素养教育图书。希望这个项目能为中国青少年的财经素养教育做出应有的贡献。

杨凯生

前言

　　2019 年的春节，小稳作为一个三年级的小学生，拿到压岁钱以后，已经不满足于"妈妈帮你存起来"的处理方案了。她开始问"压岁钱我可以用吗？"这样的问题。于是我告诉她："可以啊，不过如果你现在用完了，以后有需要的话就没有钱用了哦。你可以有两种选择：现在用；或者把钱存起来，妈妈承诺每年给你 5% 的利息，就是说，如果你有 1 000 元的压岁钱，那到明年，你就可以赚 50 元。这中间如果你需要用钱，可以从妈妈这里取钱。"当她发现钱可以生钱，不但对这种安排很感兴趣，立即表示钱可以存在妈妈这里，而且提出了很多问题，比如，为什么钱可以生钱、妈妈拿着钱去干什么等。这让我觉得，有必要给孩子讲解消费、储蓄和理财的原理。在讲解这些原理的时候，引申出了社会经济中的一系列问题。如果用小孩子理解的方式和恰当的比喻去讲解，她不但能理解，而且兴趣浓厚，理解了以后还会给家里人讲解，俨然变成一位小老师。

这让我想起我的职业经历。我从小接受的教育是"学好数理化，走遍天下都不怕"，大学学的也是工科专业。毕业以后进入公司，从偏技术的岗位逐渐晋升到偏管理的岗位。但在这个过程中，我一直觉得自己的商业知识很匮乏，于是在职期间攻读了工商管理硕士（MBA）学位。在这个过程中，我体会到，从MBA课程中学习到的商业逻辑和知识，其实是商业社会中每个人都需要的，不只是企业的经理人。我不禁感慨，要是在中学甚至更早的时候能了解商业社会的逻辑，那我在大学选择专业和未来从事的行业时可能会有不一样的考虑。当我积累了更多商业知识和管理经验，逐步成为公司的高级管理人员之后，又更深刻地感悟到，个人的成长、企业的发展可能有很多精彩的故事，但与此同时，宏观经济的波动循环、社会关系的演进发展更引人入胜，发人深思。所以，我又报读了国际政治经济学硕士的在职课程，希望可以更系统地了解相关知识。

我们从小接受的教育，会学习物理、化学、生物，了解很多自然界的规律，学习地理、历史、政治，了解风土人情、朝代更迭，这些都是我们日常生活中的知识。我们同样每天生活在商业社会里，商业逻辑和经济规律都在影响着我们的日常生活，历史政治的演进变迁都有商业和经济的基础，但我们可能直到大学里选择了财经类的专业方向，才会接触到经济社会的相关知识。

在与女儿的交流中，我也看到了孩子视野中的财经世界，她平时遇到的问题其实是现实财经世界的缩影。结合这些问题，我产生了写一本书的想法。小稳听了这个想法以后非常支持，也欣然同意以她的第一人称来展开其中的故事。故事从 2018 年开始，当时小稳还在读小学三年级。写作一度耽搁，直到 2024 年年中才完成，此间我自己对书中讨论的问题的认识也在加深和变化。完稿时小稳已经是初中生了，正在形成自己的人生观和价值观。而小稳的弟弟小有也已经从一个不知道钱为何物的幼儿园小小班小朋友，长成为一个会和姐姐做"交易"的小学生。六年多的时间，我和孩子们都成长了。

当故事写了一多半的时候，我开始认真考虑出版的事。我一直认为图示可以大大提升信息的传递效率，特别是对于孩子们，漂亮的插图还能提升整本书的趣味性。于是我找到了曾妍开始讨论插图设计的事情。曾妍的美术基础深厚，但是并没有系统学习过财经知识，她读了部分书稿之后，觉得不仅对亲子财商启蒙有帮助，也有利于她自己补充财经知识，于是决定加入本书的创作。经过讨论，我们很快确定运用手账的形式进行排版设计，并留出了空间给读者进行记录和创作。虽然这种设计形式相较于一般的插图，大大增加了工作量和排版难度，但曾妍和我都相信，如果这样的组合能够在提升阅读效率和趣味性的同时，也带给读者耳目一新的审美体验，那么更多的付出也是非常值得的。

本书的写作也拓宽了我和小稳的交流渠道。在本书的创作接近完成的时候，小稳开始进入青春期，有很多自己的想法和情绪。对有关钱的问题的讨论，让我们有了更多的交流话题。我也让小稳在同学中帮我和曾妍做插画风格的调研，她和同学们的认真态度以及取得的丰硕成果让我感到惊喜，也让我体会到责任和鼓励在孩子成长过程中的重要性。

还有一点让我惊喜，就是小稳在管理和使用自己的零花钱时有了更多的控制感，而控制感是培养自驱和自律的重要因素。这是我在一些教育和脑科学的科普书中学到的，并在与小稳的互动中加深了认识。人格独立与经济独立果然是相辅相成的，在孩子步入青春期后，零花钱的管理在父母和孩子之间建立起一个初步的经济边界。孩子在这个边界内有了控制感、责任感，学会了延迟满足，学会了互惠互利，练习经济独立的同时也在练习人格独立。

在整理书稿的时候我也发现，本书里看似零散的故事恰巧构成了一个从微观到宏观的整体的知识框架，这可能也是因为财务和经济的问题其实跟日常生活的方方面面都相关吧。但由于篇幅和我自身认知的局限性，这个框架难以覆盖更深更细的知识和案例。只是希望本书可以成为我们探究表达方式的一次机会，可以给孩子提供一个探索财经世界的窗口，也可以让父母和孩子在亲子阅读中更多地了解彼此，共同成长。

左莹

绘者语

本来，我日常的生活就是：

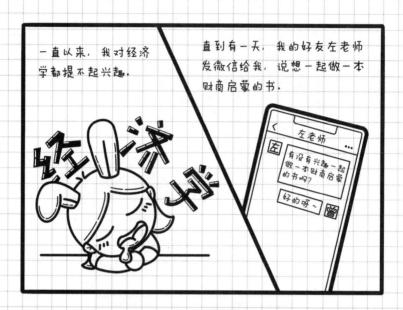

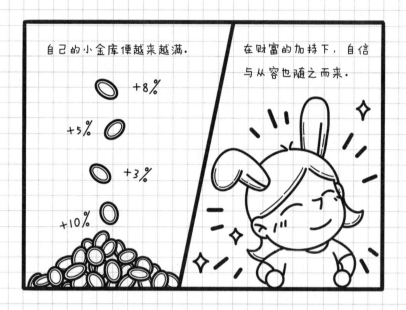

目录

引言 打开魔法金钱手账 / 001

第1章 从学校义卖开始 / 005

　　妈妈做的冰激凌大卖了 / 006

　　冰激凌的定价教训 / 009

第2章 猪肉和冰激凌 / 019

　　排骨价格上了天 / 020

　　画一张图 / 022

　　两条魔法曲线 / 026

　　猪肉和冰激凌的不同 / 034

　　夜市地摊的意外收获 / 036

第3章 压岁钱的利息 / 045

　　过年啦 / 046

　　我第一次请客 / 048

　　钱的时间价值 / 050

　　钱从哪里来, 到哪里去 / 055

　　赚钱的方法 / 059

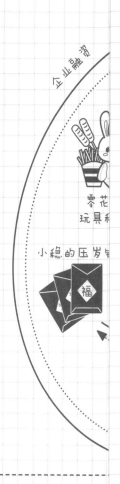

企业融资

零花

玩具和

小稳的压岁

引言

打开魔法金钱手账

你相信这个世界上有魔法吗?

如果你相信,我想祝贺你,因为你一定很快乐。我也非常希望自己会魔法,因为这样一定非常酷!

如果你不相信,我也想祝贺你,因为你一定长大了。我也长大了,过完这个暑假,我就要上小学四年级了!

如果你还在犹豫怎么回答这个问题,我想告诉你:你知道吗,我发现这个世界上真的有魔法哦!

我刚接触它的时候,并没有感受到什么魔力,但慢慢地,我就感觉到它的魔力几乎无所不在。

这是一种关于金钱的魔法,但又好像不仅仅关于金钱。两个月以前我舍不得花10元钱买爆米花,觉得省了钱好开心,但是刚刚我花了好几百元钱请爸爸妈妈吃饭,觉得花了钱也好开心。

这是一种把我周围大世界的事物全部联系起来的魔法,但同时又好像给我自己建立了一个独立的小世界,我可以自己做决定。有的决定很容易,有的决定有点挣扎,但这种自己做决定的感觉太好了。

这种魔法需要学习,在学习魔法的同时还要练习一些基本功。一开始学的时候可能会有点晕,但是有时候又会豁然开朗。

这种魔法我好像会了,有时候很有用,但有时候好像又不灵,就像有个影子还飘在我的脑子里,还不够完整,还比较模糊,有的还像是碎片,我得根据自己的记忆把它画下来,而且还得一边画一边再试一试它到底灵不灵。对了，我也想试一试这个魔法到底在别人手里灵不灵。

所以我得赶快把我脑子里飘着的影子都记下来，都画出来，就用我的这个手账本吧。我很喜欢这个本子，因为它很漂亮。本来我是带着它准备写暑假游记的。这个暑假我去了好多地方，回了四川老家，现在还到了俄罗斯，度过了非常多的快乐时光，而且还学会了更多的魔法。只不过游记一个字还没有写呢。啊！我知道了，一定是它等着我用它来记录魔法吧！

这会是一本魔法手账，我就叫它《魔法金钱手账》吧！回家以后我得赶紧去找妈妈给我画的那些关于冰激凌的图，好像那都是一年多以前了吧，那里藏着我的第一个魔法基本功呢。

想试试看这些魔法在你手里灵不灵吗？赶紧来吧！

啊？你还不认识我啊，都怪我，一想到魔法就太激动了，忘了自我介绍。我叫小稳，就要上小学四年级了，但是我学习魔法已经快一年了哦，我跟魔法的故事要从我刚上三年级的时候开始讲起。

我叫 小稳

第1章
从学校义卖开始

妈妈做的冰激凌大卖了

  我今天很开心，因为周四学校要举办跳蚤市场义卖活动，每个同学都可以有50元额度去跳蚤市场买好吃的和好玩的，活动筹集的资金将用于贫困山区学生的帮扶工作。我更开心的是，妈妈收到了家委会的邀请，去跳蚤市场设置摊位，卖她自制的冰激凌。妈妈做的冰激凌在班里还是小有名气的，我记得可能从我上幼儿园的时候开始吧，班级搞百家宴，妈妈经常会带她自制的冰激凌去，每次她的摊位前面都会排起长队，非常受同学们欢迎。

  周四下午，义卖活动终于开始了。我看见妈妈拉着车载小冰箱，走到了班级门口，其他家长和老师正帮着妈妈搭设摊位。

"妈妈，"我迎上去，"哇，您还做了一张海报！我来帮您把东西摆好吧！"除了冰激凌，我看妈妈还带了芒果丁、巧克力碎和葡萄干等配料，看起来好诱人啊。

"想吃吗？可以买一份啊！"妈妈似乎看出我有点馋了。

"我还是先看看其他的吧……"我考虑到预算有限，打算先去其他摊位看一看。

"好的，你去吧，一会儿介绍同学来买哈！"

跳蚤市场的东西真的好丰富啊。我用15元买了一个布娃娃，虽然是同学用过的，但是很可爱。我还用10元买了一碗双皮奶，用5元买了一碗车仔面。

"冰激凌嘞，纯天然自制冰激凌——"我听到妈妈的吆喝声，她的摊位前虽然人不算太拥挤，但也是络绎不绝。我想跟妈妈分享一下我买的好吃的，于是拉着小思跑了过去。

"哇，卖出了不少冰激凌哦！"我的

纯天然 ♡
♡ 香草冰激凌
10 15元

钱还没有花完，也想再尝尝妈妈这次做的冰激凌，于是准备支持一下妈妈的摊位。

"咦，妈妈您降价了啊？"我发现妈妈用黑色马克笔把海报上的价格从每杯15元改成了10元。

"是啊，一开始有几位小朋友都很有兴趣，但都因为觉得太贵而没有买，于是我调整策略啦，而且买冰激凌还送贴纸哦！"妈妈拿起旁边一摞贴纸，微笑道，"有的小朋友还买了两次，我已经有回头客啦！"

看来妈妈的策略调整得不错，冰激凌差不多卖掉一半了。于是我和小思一人买了一杯冰激凌，配料加了芒果丁和巧克力碎，味道好极了。

义卖结束的时候，妈妈的冰激凌早就卖完了，总共卖了270元。听老师说我们班级的摊位一共筹集了1500多元资金，看来妈妈的贡献还不错。

冰激凌的定价教训

周末在家吃饭的时候，我们和爸爸分享了跳蚤市场义卖的感受。

"妈妈，您一开始为什么要卖15元一杯啊？确实有点贵呢。"我问妈妈。

"如果换作是你，你会卖多少钱呢？"妈妈反问我。

"我啊……我应该会卖得比较低吧，可能比10元钱还低吧，这样就会有很多同学来买，如果还送贴纸的话，就会有更多的同学来买，买的人多了就可以为义卖筹集更多的钱。"我没怎么想就直接回答。

"但是我们做的冰激凌只有两盆啊，如果全部可以卖出去，那肯定是价格越高筹集的钱越多哦。"妈妈说。

"是哦，冰激凌的数量是有限的……"我不好意思地说，"但是15元钱确实是有点贵，我们每个人一共才50元的零花钱，大家都想多尝试一些东西。"

"没错，妈妈就是没有分析小朋友的购买力，另外对其他摊位的商品价格不够了解。"妈妈笑道，"我一开始在网上查了哈根达斯冰激凌的售价，大约是 100ml 要 40 元。我买的带到学校去的试吃小杯子容量是 50ml 的，所以如果装满哈根达斯的冰激凌就差不多是每杯 20 元。我的冰激凌虽然没有品牌号召力，但是优点是用料天然啊，我的冰激凌里用的是天然香草籽，而且用料很足哦。"

"是的是的，我很喜欢里面的香草味道！"聊到这里我又有点怀念冰激凌了。

"你要是卖给家长，这些还有吸引力，小朋友哪会在乎这些优点呢？"爸爸评论道。

"是啊，所以我第一轮定价失败了啊，一开始用 15 元的价格卖了两三杯，后来也来了很多感兴趣的小朋友，但一看要 15 元都觉得贵，就走了。我也发现旁边的爆米花只要 5 元一碗，就赶紧把价格改成了 10 元一杯。

我算了一下我的纯材料成本也差不多要7元一杯，加上我周三晚上做冰激凌花了1个多小时的人工成本，当天还站了1个小时摆摊，还有厨具折旧等，10元一杯是收不回成本的哦。"

"哈哈，只有你还要算成本吧，其他家长估计不会算成本吧，你要算上你的人工成本，那肯定没法赚钱的。"爸爸笑道。

"是啊，所以我按照打义工来算了，但是只算直接材料成本的话，我的利润也不高啊。餐饮行业毛利率肯定得超过50%。"妈妈说道。

"那你的成本肯定哪里有问题。"爸爸说。

"确实是，两盆冰激凌我按照平时在家的用量，用了两根香草荚，这个成本就差不多100元……"

"等等，等等，你们在说什么啊？成本、毛利率之类的。"我有点听不懂爸爸妈妈的对话。

"成本和毛利率怎么算，我找时间专门给你讲。这次先讲讲定价吧。"妈妈说。

"定价？"我挠了挠头，"是固定商品价格吗？"

"差不多吧，是确定产品的销售价格，定价是商品销售的重要一环。定价需要考虑很

多因素，最重要的就是市场的因素，包括同类产品的价格，比如说哈根达斯冰激凌，或者其他替代品的价格，因为同学们每个人的零花钱是有限的，买了冰激凌就不能买双皮奶了，所以同学们也会对双皮奶和冰激凌的价格进行比较，看看买哪个更好。另外也要考虑冰激凌的价值能不能被同学们体会到，有几位小朋友买了两次，说明他们体会到冰激凌给他们带来的快乐和满足，愿意再花钱来购买，但是一开始我定价太高了，很多小朋友不愿意花钱来体验冰激凌的价值，就更别谈再次购买了。"

"对啊，就像我们以前去山姆会员商店，总可以免费品尝很多好吃的，如果好吃就会购买。"我想起以前在山姆会员商店，试吃商品的香气飘得整个超市都是。

"不过妈妈的冰激凌就那么点儿，安排不了试吃啊，不然都被试吃完了，就没钱给贫困山区的小朋友了。所以妈妈为了让小朋友更了解冰激凌的优点，还做了海报，也让吃过的小朋友帮忙宣传。"妈妈说。

我妈妈做的冰激凌可好吃了！

"我也宣传了呢，还带了同学来买。"我得意地说。

"对啊，妈妈要感谢你！"妈妈微笑道，"刚刚咱们说如何定价，除了要考虑同类产品、替代品、客户购买力和客户价值体验之外，还有一点很重要，就是我们做这个产品的成本。如果我们的价格高于成本，就有钱赚；如果低于成本，那我们就会亏钱。"

"所以大家定价肯定都高于成本？"我问道，"这个问题实在太简单了。"

"这可不一定哦，而且这个问题也不简单。这需要看客户能接受的价格是多少，如果客户能接受的价格低于我们的成本，那我们把价格定得比成本高又有什么意义呢？也卖不出去。就像妈妈最开始定了15元一杯，结果很多同学不接受，妈妈如果不降价，没人买的话，冰激凌还剩很多，拿回家我们也吃不完，更重要的是完不成筹集善款的任务，这样也不行啊。所以妈妈降了价，为了促销还拿出贴纸作为赠品。虽然10元一杯的价格可能亏本，但也比卖不出去强。"

"那亏本了怎么办啊?"我很疑惑,不能做亏本生意啊。

"那就要检讨我们的成本啊,就像爸爸说的,我们的成本有问题。你看我用了两根香草英,占了冰激凌成本的80%。这是按照平时在家给你们做冰激凌的方式做的,没有顾及成本,如果是大规模做生意,就不能这么'粗线条'了,要找到客户价值和成本控制的平衡点。"

"哦,您说了那么多,我好像终于明白了一点儿,还是要看买冰激凌的人能不能接受这个价格。"

"是的,这就是市场经济,价格是由市场决定的。"

"市场经济?"怎么我才觉得自己懂了,脑子里就又多了很多问号。

在问号越来越多之前,我得先把这些关于定价的问题总结一下。要不就画个图吧。

你看，价格合适的情况下，钱从消
费者转移到了生产者，是不是像魔法一
样？这就是第一堂魔法必修课！

详细内容在下一页哦！

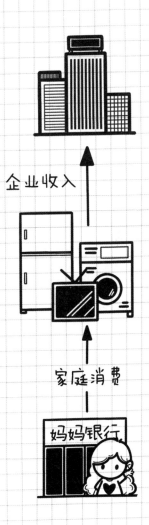

企业收入

家庭消费

妈妈银行

魔法必修课1: 定价模型

1. 市场同类产品的价格

VS

和路雪

2. 市场上可替代品的价格

3. 对客户的价值

热

50元

4. 客户的购买力

5. 生产产品的成本

白砂糖

鸡蛋

牛奶

牛奶

香草荚

给产品定价的时候，我们通常会考虑以上因素。

第1、2、3、4项决定了市场能不能接受我们的价格，从而影响销量和销售速度，而第5项决定了我们的产品能不能有利润，能有多少利润。

如果根据市场需求确定的价格低于我们的成本，我们就要分析原因和想办法了。首先分析市场需求确定的价格有没有提高的空间，比如说客户对我们的产品是否了解，是否体会到了产品的好处（我们可以制作海报，请小朋友试吃）。

其次，我们也要检讨我们的成本，看看我们有没有空间降成本（比如是否可以在不显著影响味道的情况下减少香草荚的用量）。

在学习魔法必修课的同时，我们还需要练习魔法基本功，这样才有能力绘制完整的魔法图哦！

魔法基本功练习

你和你周围的人有卖东西定价的经验教训吗？可以总结一下哦。例如：爸爸妈妈上班是否也是在卖某种东西呢？这种东西的价格是怎么确定的？

第 2 章

猪肉和冰激凌

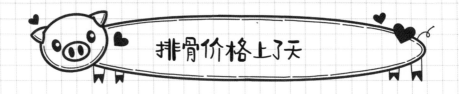

排骨价格上了天

今天的晚饭姥爷做了红烧排骨，太好吃了，我和弟弟都非常喜欢吃。我正吃得起劲，哎呀，不小心掉了一块在地上。我捡起来正准备扔掉。

"等等！拿开水冲一下还可以吃哦。"姥姥连忙说，"现在排骨可贵了。你知道排骨多少钱一斤吗？"

我一脸迷惑。这时姥爷说："这是土猪肉排骨，都要80元钱一斤了。"

"80元钱一斤啊？！"我在跳蚤市场的零花钱还不够买一斤排骨，那是挺贵的。

"80元钱了啊，我对猪肉价格的记忆还停留在十几元钱一斤呢。只知道猪肉涨价，不知道都80元钱了。"爸爸说道。

"那是因为你十几年都没有去过菜市场，"妈妈笑道，"这轮猪肉涨价之前土猪肉排骨就已经要三四十元钱一斤了。"

"以前我们刚工作那会儿，猪肉是几角钱一斤。"姥爷又开始回忆以前的事情了。

"啊？几角钱？那现在怎么要80元啊？这差别也太大了吧？"我惊叹道。

"这里面有几方面原因哈。首先，排骨比其他部位的猪肉贵，土猪肉排骨又比一般的排骨贵，所以土猪肉排骨应该算是猪肉里面最贵的类型了。如果比较猪肉的平均价格或者同一类型的猪肉价格的变化，又有两方面原因：长期来看，是因为通货膨胀；短期来看，是因为供求关系的变化。一会儿吃完饭我给你画张图，你就知道了。"妈妈微笑道。

　　吃完饭，妈妈拿出一张白纸，在上面画了两条互相垂直的线。

"这条横线代表数量，我们用 Q（Quantity）表示，这条竖线代表价

格，我们用 P（Price）表示。我们以冰激凌为例，那天在跳蚤市场，

妈妈卖 15 元一杯，是不是只有两三个同学买了？"

　　"是啊。"

我点点头。

　　"后来我

降了价，到 10

元一杯，是不

是买的人变多

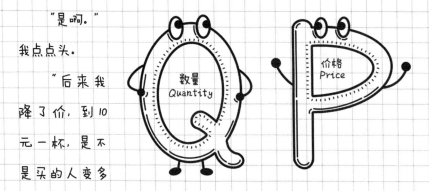

了？这说明价格越便宜，买的人越怎么样呢？"妈妈问道。

　　"肯定是越多！"我回答道。

　　"如果我们把这两种情况画到这张图上，你看会是什么样的？"

妈妈指着她画的那两条互相垂直的线。

　　"画到这个图上？什么意思啊？"我一脸不解。

　　"啊，你们学过坐标系吗？"妈妈才反应过来，我只是一个三

年级的小学生。

看见我摇头，妈妈开始了思考。"我想想看怎么讲哈。"妈妈继续又画了一个图，"这样看哈，这条横线表示年龄，这条竖线表示体重，这两条线放在一起就是一个直角坐标系。我们把这两条线都画上格子，就跟尺子一样，年龄这里一格表示1岁，体重这里一格表示10斤（1斤=0.5千克）。你今年9岁，我们在9这里画一条虚线上去，你今天去打羽毛球的时候称的体重是70斤，我们在70这里画一条虚线过来，这个交叉点表示你9岁时候的体重。你刚出生的时候是6斤，我们在0岁和大约6斤这里画一个点。我们把这两个点连起来，是不是就是一条你从出生到现在体重随着年龄增长的曲线了？"

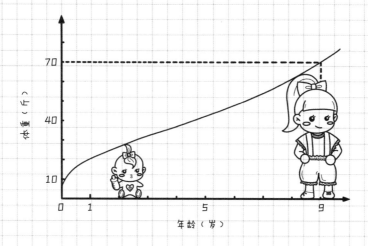

"是哦。"这个我听懂了。

"刚刚我们吃饭的时候还说到，小思的体重是50斤，小和的体重只有40斤，她们跟你一样都是9岁，所以如果把她们的年龄与体重的关系画在这个图上，你看应该画在哪？"

我拿过图，开始思考："9岁，在这里，50斤在这，40斤在这……"

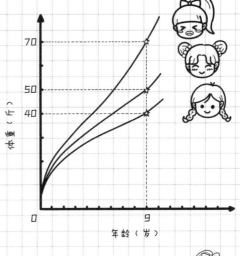

"嗯，理解得不错，她们出生的时候应该也差不多是五六斤的，所以这样连起来就是她们的体重曲线啦。"

"哇，那按照这条线我岂不是长大后会变成一个超级大胖子？"

"不是啊，你现在是小朋友，所以会一直长，长成大人以后体重就稳定了，所以这条曲

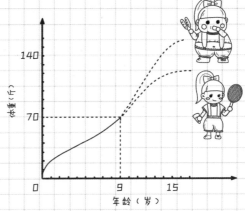

线以后会拐弯，变成这样。当然，如果你吃太多东西，又不锻炼，也可能是这样的。"妈妈一边笑一边画了两条延长线。

"我在锻炼啊！"妈妈又拿我开玩笑，我很不满。

"没问题，你现在也是正常体重，妈妈就是提醒你。"妈妈微笑道。

"好啦，理解了年龄与体重的关系图，现在我们来看看这个价

格与数量的关系图吧。我们先把这条横线和竖线画上格子,横线一格表示1杯,竖线一格表示1元。15元的时候,我卖了两三杯,假设我一直维持15元不降价,可能当天下午能卖10杯吧。我降价成10元以后,全部卖完了,大约25杯。你把这两种情况在图上画一下?"

"哦,我明白了,我来画!"我真的是听懂了,兴奋起来,"15元……10杯……10元……25杯……画出来了!"

"再把这两个点连上看看?"妈妈看起来也很开心。

我连上两个点,是一条向下的斜线。

"我们得到了一条微观经济学里非常重要的曲线——需求曲线。"妈妈说道,"你看,这条曲线表示,价格越高,需求量越低。"

"这个道理很简单啊,我刚才就知道,为什么还要画曲线啊?"我不解道。

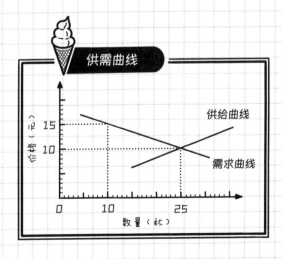

"因为我们还有另外一条曲线,我们要看这两条曲线的关系,以及这两条曲线的变化。"

"啊?还有一条曲线啊?"

魔法基本功练习

你学习过坐标系吗？如果还不熟悉的话，可以自己练习画一下哦，寻找两个你认为有关系的数量会变化的事物，把它们一起变化的情况画在坐标系里面吧。比如你的年龄和身高的关系，你跑步的时间和距离的关系……

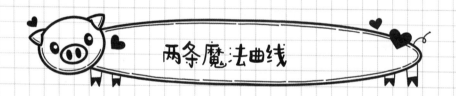

两条魔法曲线

"对，另一条曲线叫供给曲线，表示供给量和价格的关系。"妈妈解释道，"你想想，一个东西越贵，来卖这个东西的人应该会越多还是越少？"

"越贵……越多吧？因为可以挣更多钱，所以会有更多人愿意做。"

"对啦。那我们把这条线画在这个图上，你看会是怎样的？"

"越贵……越多……应该是这样，一条向上的斜线！"我一边想一边画了出来。

"对啦，这样我们就得到了一个经济学里最重要的模型——供需关系模型。"

"供需关系模型是什么啊？肯定不是像飞机模型那种的吧？"我又有点不懂了。

"哈哈，其实跟飞机模型很像，飞机模型不是真的飞机，是对飞机的一种模拟。这个供需关系模型不是对一个具体物体的模拟，而是对现实生活中一种关系和事情的模拟，通过这个模型可以反映现实生活的规律。"妈妈接着说，"供需关系模型反映的就是现实世界里一种商品的需求量、供给量和价格之间的关系与规律。商业世界的规律就像自然界的规律一样。你们在学校里学了光合作用，学了天气变化，还有火山喷发的规律。商品的价格与数量一样有规律，我们从这个模型里就可以学到最基本的规律。"

"规律？我们在学校学的规律是 1、3、5……红、橙、黄……这样的。"

"是的，你们学的也是规律，自然界的规律和商业世界的规律会更复杂，就是一个事情发生以后下一个最有可能会发生什么事情

这样的道理。"

"啊，我明白了。"

"那你说一个商品，需求量和供给量应该是谁比较大？"妈妈继续问。

"谁比较大？嗯……好像有的时候供给大，有的时候需求大哦。比如超市里面总会摆的东西啊，就是供给更大一点嘛。但是每次在学校吃自助餐的时候薯条和香肠总是不够吃，这个时候就是需求大吧。"

"你的观察非常好。"妈妈微笑道，"供给和需求总是在一个动态的平衡里，就是有的时候供给大一点，有的时候需求大一点，但它们之间会自我调节。比如超市里如果某种

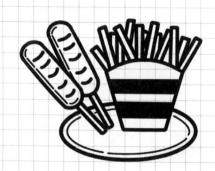

商品卖不出去，店长就会停止进货，从而减少供给，使得超市里的东西在一个合理的时间内都可以卖完。你们学校里的薯条和香肠不够吃，下次自助餐老师就会考虑大家的偏好多准备一些薯条和香肠。"

"没有啊，每次薯条和香肠都是不够吃的，老师不会多给的！而且有时候根本没有薯条。"

"哈哈，老师是对的，因为薯条和香肠吃多了不是特别健康，只能让大家解解馋，不能多吃。这涉及另外一个问题，就是你们学校餐食的供给是受计划控制的，不是完全自由的市场经济。我用这个做例子不太恰当。"妈妈笑道。

"市场经济？"我好像在哪里听妈妈说过这个。

"是的，市场经济里，供给和需求都是不受限制的，是由这个经济体里的每一个个体根据自身利益做出的决策而定的，所以我们说市场经济是'看不见的手'，意思是说并没有一个主体为大家做决策，每个人做出来的决策共同决定了市场里各种商品有多少，是什么价格。"

"什么意思啊？"我完全不懂。

"比如超市里的冰激凌，没有人告诉店家应该进多少冰激凌，定什么价格。喜欢的人多，店家就会多进货，厂家就会多生产。"

"是啊，要是没人喜欢，那进多了货就卖不出去了。"

"是的，所以店家会根据市场的反馈来决定他的进货量和价格，而不是某个人给他指定进货量和价格。所以我们把市场叫作'看不见的手'。"

"哦，懂了。"

"与市场经济相对应的，是计划经济，即有一个管理主体，决定什么东西生产多少、卖多少钱。这个管理主体我们又叫它'看得见的手'。比如你们学校，老师会根据营养搭配规定好每顿饭的菜谱，并不是因为同学们喜欢吃什么而由食堂决定做什么。学校就是那个'看得见的手'。"

薯条不健康，不能多做

"啊，我明白了，我好希望我们学校是市场经济啊，这样我们喜欢吃什么，学校就会做什么啦！"

"哈哈哈，你的想法代表了很多市场参与者的想法，就是不想被监管，喜欢自由自在。"妈妈笑道，"市场经济和计划经济各有优缺点，现在的社会经济，既不是纯粹的市场经济，也不是纯粹的计划经济，而是两者相结合。市场经济比较灵活高效，就像你们学校里的咖啡馆，根据同学们的喜好安排饮料的品种，避免产生浪费。但市场经济有时也会失灵，产生不好的效果，比如食堂如果仅仅根据同学们的喜好安排菜谱，那大家就会吃很多垃圾食品，变成大胖子。这个时候学校就要干预，给大家安排健康的饮食。"

好！
多做些薯条！

我们喜欢吃薯条

"嗯嗯。其实我们也知道吃垃圾食品是不好的，但就是有时候管不住自己啊，就像我喜欢看电视一样，所以妈妈总是会给我约定一个看电视的时间，定好闹钟，这也是计划经济吧。"

"市场经济和计划经济如何结合，是一个很复杂的问题，我们现在可以不讨论这个。我们还是回到在市场经济条件下，供给量和需求量总是在一个动态平衡的过程中，最后总体来讲，供给量和需求量会趋于相等。你看当供给量等于需求量的时候，在这个图上是在哪里？"

"啊，是这个交叉点！"我兴奋地说。

"对了，这个交叉点上的数量就是供需平衡的数量，价格就是市场决定的价格。"

"哦，原来是这样！"

"有了这张图，我们就可以来看供需变化会带来什么样的变化了。比如咱们这条冰激凌的需求曲线，假设跳蚤市场那天，天气突然降温，想吃冰激凌的小朋友少了很多。这时，在这个模型上表示，就是需求曲线向左移动。你看，交叉点会向左下方移动，代表价格下降，数量也下降。"

"是啊，天冷的时候您就得继续降价才能卖出去。"我想幸亏那天没下雨降温，不然可能就完不成筹款任务了。

"对的，那你再看，如果当时不止妈妈一个摊位在卖冰激凌，而是有另外一位家长也卖冰激凌，那动的应该是哪条曲线？"妈妈问道。

"供给曲线？"

"对。应该怎么移动呢？"

"供给增多，应该向……右移吧？"

"对啦，真棒！说明你已经掌握了。你看右移了以后价格和数量会怎么变呢？"

"嗯……交叉点向右下方移动了。价格……降低了，但是数量嘛，增多了。"哇，两条曲线就像魔法棒一样，一移动就让价格和数量发生了变化呢。掌握了一项知识，就像学习了一个魔法技能一样，我非常开心。听到妈妈表扬，我更开心了。

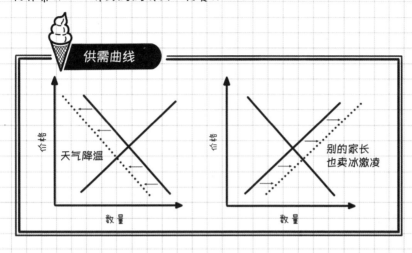

供需曲线

天气降温

别的家长
也卖冰激凌

价格 / 数量

价格 / 数量

魔法基本功练习

    一起来移动一下需求曲线和供给曲线这两条魔法棒吧！比如，假设跳蚤市场当天，其他卖零食的家长都没有来，只有妈妈一个卖零食的摊位，会发生什么呢？

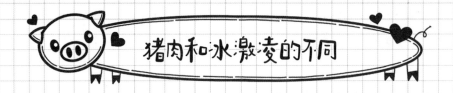

猪肉和冰激凌的不同

"好了，刚刚我们看了冰激凌的供需模型。下面我们重新画一张图，来看看猪肉的供需模型。你觉得冰激凌和猪肉有什么不同？"妈妈问道。

"冰激凌和猪肉？有很多区别啊，冰激凌是甜的，猪肉是咸的。"

"唉。"妈妈有点无奈，"想想人们对它们的需求有什么区别。你觉得是吃猪肉的人多，还是吃冰激凌的人多？"

"吃猪肉的吧，我们全家人都吃猪肉，但是你们大人都不太吃冰激凌。"

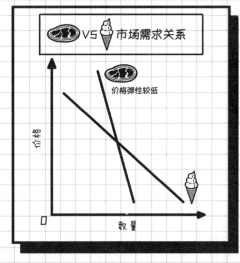

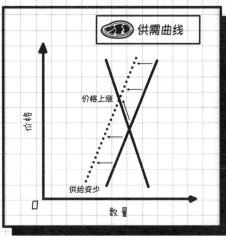

"对，猪肉是一种生活必需品，基本上不论价格高低，人们都要吃点猪肉的，这是由人们的生活习惯决定的。但是冰激凌不一样，不是天天都吃，而且稍微贵一点的话大家还有很多替代品可选。所以，如果我们要画猪肉的需求曲线，它会比冰激凌的需求曲线更陡，代表价格对需求量的影响没那么大。所以这时候，如果供给减少，供给曲线向左移，你看看价格会发生什么变化？"

"供给曲线向左移……哇，价格嗖的一下上去了！"我感到非常神奇。

"对，这就是为什么现在排骨价格变成80元钱一斤了。最近非洲猪瘟疫情和养猪场环保治理，造成猪肉的供给量下降，而猪肉几乎是很多家庭必需的食品，而排骨又是猪肉中最贵的，所以价格在短时间内一下子从40元一斤变成了80元一斤。我们把这种需求曲线较陡的情况，叫作价格弹性较低，意思就是价格变化对需求量的影响不大，这类商品是刚需产品。"

魔法基本功练习

你有没有听说过身边什么东西的价格有明显变化呢？去探究一下是哪条曲线发生了移动吧。

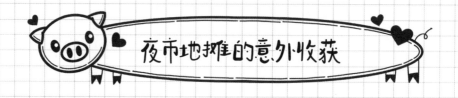

夜市地摊的意外收获

"哇，你的这个'萝卜'好可爱，在哪里买的？"课间的时候，小思看到我桌子上的挂坠，兴奋地说。

"这个啊，我周末在夜市上从一个姐姐那里买的，她好像是我妈妈的同事，她说是她自己做的。"上周末我家楼下摆起了一溜儿夜市地摊，有很多有趣的小玩意儿。

"好漂亮啊！"小思拿起来仔细地把玩。那个"萝卜"确实很漂亮，金黄色的主体，翠绿色的萝卜缨，光滑透亮，从不同的角度看还会有变幻的光晕。

"什么东西啊？让我看看。"这时候小雯也凑过来，"真好看哦！"

"好看吧？！那个姐姐还做了很多其他样式的，有泰迪、草莓、爱心、雪糕等，各种各样的。我当时挑了很久，最后选了这个萝卜，因为它的形态挺像真的，但是又很可爱。"我想起当时逛夜市的情景，好玩的东西很多，但是上次义卖以后剩下的零花钱不多了，妈妈说只能用我自己的零花钱买，所以选了很久才确定。

"还有其他款式的啊？我也想看看有没有我喜欢的呢。"小思激动地说。

"我也想要一个呢。"小雯也说。

"那这个周末我可以再去夜市看看她还有没有货，帮你们带一些？"

"好啊，你帮我们选！"小思和小雯高兴地说。

周末回到家，我跟妈妈说："妈妈，我晚上还想去夜市看看。"

"可以啊，你还想买东西吗？上次的零花钱还有？"

"啊！"妈妈一句话提醒了我，我得让小思和小雯自己给钱吧，我只是帮她们带，但不是送给她们啊，我自己的零花钱也不够了。"是小思和小雯觉得我上次买的那个'萝卜'好看，她们也想要。我想去帮她们看看还有什么款式。"

"哦，但是不知道那个姐姐这个周末还会不会去摆摊儿，她之前也是业余时间做着玩玩的。"妈妈说道，"我可以帮你问问她，也不一定要去夜市找她。不过你是要买来送给同学呢，还是代她们买？"

"应该让她们自己给钱吧，但是我还没跟她们说。"确实我们之前都太兴奋了，没考虑钱的事。

"那这样吧，我请那个姐姐把她有的款式发个图片，并标上价格，然后你拿去学校给同学们选，选好了之后再买。我可以先帮你付钱，你收了同学们的钱再给我。"

"这样好哦，我也不用帮她们选了，还不怕选错。"果然妈妈经常能想到好办法。

第二天，妈妈打印了一张图片给我，上面已经分不同区间标注好了挂坠的价格，有5元的，有8元的，有10元的，还有15元的，有一些款式我在夜市上还没看见过，都挺可爱的，相信小思和小雯一定能选到喜欢的。

图片拿到学校以后，出乎我意料的是，不但小思和小雯选了挂坠，还有好几个同学都选了，有的人选了不止一个，有的同学还介绍了其他同学来买，还有的提前给了钱！我得在图片背面记下来，不然容易搞混。我算了一下，一共是109元钱。放学后，我迫不及待地回到家，把记录好的图片交给了妈妈。

小雅的同学也想买一些挂坠！

谢谢她帮我带货，给她打八折！

过了一会儿，妈妈跟我说："那位姐姐说明天把你们进的产品拿给我。另外，她说感谢你帮她'带货'，她给你打八折，一共收了我87元钱。"

"啊？八折？是什么意思啊？"我好像之前没听过这个说法。

"就是如果一个东西本来是10元，她只收8元，优惠2元。"妈妈解释道，"按照原来的标价，你们同学一共进了109元的东西，打八折就是109元里每10元只收8元，109乘以8/10，再省去零头，就是87元钱。你可以自己算一下。"

"哦，明白啦！那就是我收的钱比给姐姐的钱会多……109 减 87……22 元？"我意识到这是一个新问题，"我要退给同学们吗？"

"哈哈，这个你可以自己决定，之前你已经给同学们看过价格，他们也跟你确定过购买的决定，所以你可以按约定好的价格收钱，这样完全没有问题。但是如果你想把姐姐给你的优惠给同学，也可以的，你要算一下每个人分别给回多少。"

"嗯……就是 10 元只收 8 元，退 2 元。如果是 5 元，那就退……1 元？8 元，要退……啊……我得拿纸列算式才行。"我说着拿出草稿纸，"8 乘以 2 除以 10……退 1 元 6 角钱。啊，好麻烦啊！我也没有零钱，我不想退了呢。"

"哈哈，你自己看，退不退都可以。"妈妈笑着说道。

"我觉得好麻烦啊，但是不退好像又不好呢。"我有点犹豫。

"为什么你觉得不退不好呢？"妈妈问道。

"不退的话我是不是占了同学便宜呢？"我觉得心里好像有个疙瘩似的。

"哦，也不能这样说。这个价格是你和同学已经达成协议的。这

个过程中你也创造了价值啊，首先你帮那位姐姐找到了更多客户，她获得了更多收益，如果不是你们一下买这么多，她可能也不会给你打折，你看那天在夜市你只买一个就没有折扣吧？另外，你也满足了同学们的需求，给同学们带来了快乐，他们愿意付出相应的价格去获得这个快乐。而且，在这个过程中你也付出了成本，你需要联络买家和卖家，也需要做记录，还需要把挂坠带到学校给他们。所以得到一定的回报也是合理的。"

"嗯嗯，您说的也很有道理呢，那我就不退给他们了。"我感觉心里的疙瘩一下解开了，"这样我就赚了 22 元啊！"

"是啊，你能用合适的成本满足别人的需求，就有机会赚钱。"妈妈笑着说道。

还记得我说过魔法帮我创建了一个自己的小世界吗？小世界的魔法很零散，但只要我们用心体会，就能发现这些零散的魔法碎片拼在一起也有神奇的作用哦。这里我发现了小世界的第一个魔法碎片，是关于怎么赚钱的哦！

魔法碎片1
需求
用合适的成本满足别人的需求就可以赚钱。

魔法基本功练习

你发现周围人的需求了吗？你能用合适的成本满足这些需求吗？预警提示：当你用魔法碎片1练习基本功的时候，可能有一定危险哦。所以请先思考一下，先别急着去使用。我们还须练习如何去控制这个有危险的魔法，之后才可以安全地使用它哦！

收集完魔法碎片，又该总结一下这一章的魔法必修课了。还记得我们的第一堂魔法必修课吗？是教我们如何定价的。当很多消费者都想以自己能接受的价格买到东西，而生产者都想以自己能赚钱的价格卖出东西的时候，大家在一起就形成了市场价格，这个价格会随着消费者的需求和生产者的供给的变化而变化，这就是我们的第二堂魔法必修课啦，是不是很神奇？

企业收入

家庭消费

妈妈银行

魔法必修课 2: 供需模型

市场经济是通过市场配置社会资源的经济形式，是"看不见的手"，即没有一个主体去决定经济体内一共要生产多少东西，定什么样的价格，而是由市场里多个主体根据自身利益决定各自的生产和销售计划，经过市场供需动态调节，达到平衡。

计划经济是由一个主体（通常是政府代表国家）根据计划配置社会资源的经济形式，这个主体是"看得见的手"。

市场经济和计划经济各有利弊，在不同的经济体里都有它们的身影。

在市场经济环境下，价格是由供需关系决定的，供需平衡时的价格就是市场价格。

需求的价格弹性是指需求量随价格变化的程度，同样的价格变化，需求变化越小，价格弹性越低。价格弹性越低，需求曲线越陡。

第3章

压岁钱的利息

过年啦

每个小朋友都应该喜欢过年吧，不但不用上学，还有很多好吃的东西。更棒的是，爸爸妈妈也不用上班，可以跟我们一起出去玩，外面的氛围也比平时热闹很多，有很多平时没有的花市、灯会、烟花……还有就是，可以收压岁钱！

说起来有点奇怪，自从上次帮同学买挂坠赚了22元钱以后，我发现身边的很多事都跟钱有关。我用那22元钱买了零食和可爱的文具，发现用自己赚的钱买东西有种奇妙的感觉——会很小心，但是也很开心，有一种从头到尾自己做决定的感觉。这种感觉真是太好了，真的跟有魔法一样。

今年过年我能收多少压岁钱呢？压岁钱也是我的收入吧？我可以用压岁钱买我想要的东西吗？以前过年有多少压岁钱我好像完全不记得了，都是妈妈帮我收着的，这次我要好好数一数。

今年过年我们家里真是格外热闹啊，因为祖姥姥、姨姥、舅姥她们几大家人都到我们家来过年了，我收到了一大沓红包，真是大丰收！不过我和弟弟也是磕了不少头，有几下还有点疼呢！

"妈妈，压岁钱我可以用吗？"妈妈来整理我的压岁钱的时候，我问妈妈。

"嗯？"妈妈愣了一下，估计是没想到我会这样问吧。但是她想了一下很快接着说："可以啊，不过如果你现在用完了，以后有需要的话，就没有钱用了哦。你可以有两种选择：现在用；或者把钱存起来，妈妈承诺每年给你5%的利息，就是说，如果你有1 000元的压岁钱，那到明年，你就可以赚50元。这中间如果你需要用钱，可以从妈妈这里取钱。"

"5%的利息？是什么意思？"我问道。

"就是如果你有100元，现在拿去买东西花掉了，这100元就没有了。但是如果你把这100元放到妈妈这里，一年以后你就有105元，多出来的5元就是5%的利息收入，5%叫作利率。"妈妈解释道。

"啊？这挺好的啊，这样也可以赚钱啊！"

"对啊，赚的利息你可以继续存着，也可以在需要的时候取出来用。不过妈妈会帮你一起把关，看看你用钱的地方是否合理。"

"那好啊！"我觉得这还挺神奇的，又多了一种赚钱的方法。

魔法基本功练习

你今年收到多少压岁钱呢？是存起来了，还是花掉了呢？如果是存起来了，会有利息吗？如果有利息，利率是多少呢？一年以后能赚多少钱呢？

我第一次请客

姥姥的生日到了，妈妈说全家人要出去吃饭庆祝，我自告奋勇请客，用我的压岁钱。上次全家出去吃饭，我答应过姥姥下次吃饭我请客。这次正好姥姥过生日，所以我请客姥姥肯定会很开心的。

晚上吃完饭，妈妈把账单拿给我，总共花了688元。"我帮你把账记上了哦，从你的压岁钱里扣除688元。"

"妈妈，我有多少利息了啊？"其实我一直都没有看

到妈妈把利息给我算到哪里了，算了多少钱。

"来，我给你看看哦。"妈妈说着，拿出电脑，打开一张表格。"你看，这是你今年春节时收的压岁钱，过节你自己买玩具花了300元，我每个季度给你算一次利息，到现在已经算了一次利息了。这是你今天请客花的钱，从这里扣除。"

"哦，我看看。啊？我得到的利息还不如我请客花的钱多呢，我的钱都变少了。"

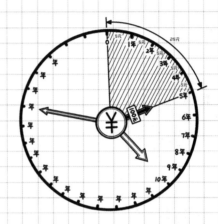

"哈哈，那是因为你的本金不多，存的时间也不够长，5%的利率已经不低了，比妈妈存在银行的存款利率高。如果你不希望本金变少，那就不能花那么多钱哦。"看我有些沮丧，妈妈又接着说，"不过你花一点本金也是可以的，很快明年春节你又可以收压岁钱了，本金就会积累起来。适当花一部分、存一部分，也是可以的。你看今天你请客，姥姥姥爷多开心！"

"利息不能再高一点吗？"我还是不太甘心。

"你知道利息是怎么确定的吗？"妈妈问道。

"不知道。"

"利息是钱的时间价值。"妈妈说道。

"时间价值？什么意思啊？"

钱的时间价值

"比如你现在把钱放到妈妈这里，妈妈可以把钱存到银行或者做其他投资。"

"投资是什么意思？"我有点不明白。

"投资就是把钱花出去买资产，以后可以产生收益。"妈妈说。

"啊？资产又是什么啊？"我更不明白了。

"我们花钱有两种方式。一种是消费，就是花钱买东西，用完就完了，以后不会有收益，比如花钱买了冰激凌吃，或者花钱买了游乐场门票去玩。另一种是投资，买了资产，资产可以用很久，或者以后可以产生收益。比如咱们花钱买了房子，可以一直住着，房子就是资产；再比如咱们家以前楼下的摇摇车，开商店的人花钱把摇摇车买来，小朋友们都去坐，坐一次1元。小朋友坐摇摇车给的钱就是摇摇车的收益，所以摇摇车也是资产。还有一种花钱方式看起来像消费，但也是投资，比如花钱上学读书、接受培训等，虽然钱花了没有买到实物资产，但是提升了人的能力，未来有能力赚更多的钱，也就有收益了。这样花钱就是投资了人力资本这种无形资产。"

"哦，我知道了。我把压岁钱拿去请大家吃饭就是消费，放在您这里就是投资。"我说。

　　"是的，投资要先花钱投入资金，经营一段时间可以产生收益，这个收益就是钱的时间价值啦。"妈妈说道。

　　"那肯定投资比消费好啊，消费了就什么都没有了，投资了以后还有收益。"

　　"哈哈，你能得出这样的道理非常好啊。不过不是说消费不好，等你以后学的知识多了，你就会明白，对于整个社会来讲，消费的意义很大，因为投资生产出来的东西最终需要有人消费，如果没有消费，投资最终也会失去意义。就像我们之前提到过的，满足别人的消费需求，才能赚到钱。另外，对于个人来说，消费要适度，要符合自己的收入水平，最好是消费之后还有结余可以用于投资。"妈妈说道，"这样你以后的收入来源就不只是工作的收入，还可以有投资的收入，生活会更自由、更从容。"

"就是有投资收入了就不用上班了，是吗？"我问道。

"哈哈哈，首先你得有足够多的钱去投资。"妈妈笑道，"你看你的压岁钱的利息都还不够请我们吃饭呢，肯定得挣了足够多的钱去投资，你的投资收益才可能满足你的消费需求。另外你以后也会知道，虽然挣钱很重要，但挣钱并不是你工作的唯一目的哦。"

"哦，那就是既要工作又要投资啰！"

"是啊，说回投资和利息，假如妈妈拿你的压岁钱去买了摇摇车，放在楼下给小朋友们坐。假设买一台摇摇车要1000元，不考虑摇摇车的电费之类的，小朋友坐一次1元钱，如果很多小朋友来，坐够1000次，那妈妈就可以收回成本，以后再有小朋友坐，就可以赚钱了。但是如果妈妈没有这1000元，是不是就不能买摇摇车？不能赚小朋友们坐摇摇车的钱了？"

我点点头。

"所以妈妈为了能借到你的钱，就要把赚到的钱分一部分给你，这就是利息了。"

"哦。但是如果小朋友不来坐摇摇车，那就赚不到钱了哦。"

"是的，这就是投资的风险。如果摇摇车的样子不好看或者音乐不好听，小朋友不爱坐，或者摇摇车质量不够好，还没等坐到 1 000 次就坏了，那投资这个摇摇车就亏本了。所以投资可能赚钱，也可能亏钱，可能赚得多，也可能赚得少，这就是投资的风险了。"

"那我们应该做风险小的投资吧？"我问道。

"也不一定，一般来讲，风险大的项目收益会更高，看你怎么取舍。"

"什么意思啊？"我不太明白。

"你刚才不是嫌利息少，问利息能不能高一点吗，那我现在问你，如果你只有 100 元，借给我的话，我答应明年还给你 105 元，借给你们班小嘉，他答应明年还给你 120 元，你借给谁？"

"啊？我还是借给您吧，小嘉有点儿不靠谱。"我想起小嘉借走我的彩笔还没有还。

"那如果借给弟弟 100 元，他答应明年还给你 200 元呢？"妈妈接着问。

"弟弟啊，他还不知道钱是什么意思吧，怎么还我啊？借给他肯定什么都没有了。"

钱是啥？

"哈哈，妈妈的例子可能举得太极端了。"妈妈笑道，"如果你把100元存到银行里，一年以后银行给你103元，你是存在银行那里还是存在妈妈这里呢？"

"啊，这样啊，还是放在您这里吧，比银行多两元，而且您肯定会还我钱的。"

"所以你看，风险越大，利息越高，妈妈的风险大于银行，小嘉大于妈妈，弟弟大于小嘉，利息越来越高。你觉得可以承受妈妈的风险，但是不能承受小嘉和弟弟的风险，所以选择把钱放在妈妈这里。这个例子回答了你之前的两个问题。第一，你并不一定会选择风险最低的投资。第二，妈妈不能再给你更高的利息了，因为要获得更高的利息，你要承担更大的风险。"

"哦，我明白了。不过银行的风险为什么比您低呢？我觉得你们都会还钱的啊。"我仍然有疑问。

"这个问题有点复杂哦，我慢慢跟你说哈。"

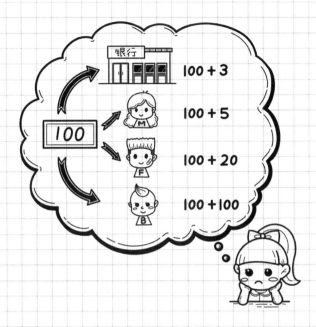

钱从哪里来，到哪里去

"刚刚妈妈有提到，妈妈给你的利息是怎么来的，还记得吧？"

"嗯……您可以去做投资，比如……"我一边回想一边说，"买摇摇车给小朋友坐。"

"那你知道银行给你的利息是从哪里来的吗？"妈妈问道。

"银行也是做投资吗？"

"是的。但是银行投资的资产一般都是企业的贷款，也就是借钱给企业，收取企业的固定利息，让企业再去做其他投资。企业赚的钱要先分给银行，然后才能干其他的事情，比如继续投资或者分给股东。"

"什么是股东啊？"

"股东啊，是企业的所有者。我们把一家公司看成一个蛋糕，切成几份，每一份就叫一股。股东呢，可以分一股股票，也可以分很多股股票，都叫股东。"妈妈接着说，"一家企业要想投资，钱主要可以通过两种形式获得。我们还是假设妈妈要去

办一家公司，经营摇摇车，买一台摇摇车需要 1 000 元，妈妈只有 500 元，还差 500 元。第一种情况，妈妈可以向你借 500 元，一年以后还你 500 元再加 5% 的利息，也就是一共 525 元。这个利息跟妈妈投资摇摇车是否赚钱没有关系，即使妈妈亏钱了，也得把这 5% 的利息给你。第二种情况，妈妈也可以跟你商量，让你跟妈妈一起投资，每人各投 500 元，也就是一人投一半。如果赚钱了，妈妈和你一人分一半，如果亏钱了，那也要一人承担一半的亏损。第一种情况下，你是这家摇摇车公司的债权人，只有妈妈一个人是股东，摇摇车赚了钱要先分固定的利息给你，然后剩下的钱才能给妈妈，摇摇车如果不赚钱，妈妈倒贴钱也得把承诺的利息和本金还给你。而第二种情况下，你和妈妈都是这家摇摇车公司的股东，无论赚了还是亏了，

都是我们两个人对半分。"

"哦，所以银行借给企业的钱是第一种情况啰。"我说道。

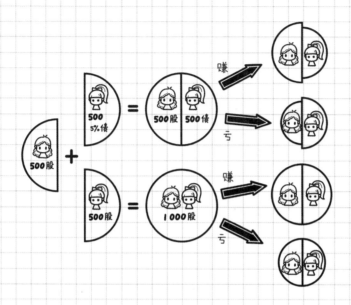

"是的，第一种情况的投资叫债权，第二种情况的投资叫股权。你觉得哪种风险小？"妈妈问道。

"债权吧？因为不管企业赚不赚钱，都要还钱的嘛。"

"是的，所以这是银行风险低的原因之一。"妈妈说道，"第二个原因，是银行会借钱给非常多的公司，在不同地区、不同行业，非常分散，这也会起到降低风险的作用。"

"哦哦，这个我知道，就是不把鸡蛋放在同一个篮子里。"

"这个理解很棒！"妈妈接着说，"第三个原因，是银行还受到各种监管，比如中国人民银行的监管等。"

"啊? 什么意思啊? " 我又不明白了。

"中国人民银行是中国的中央银行, 就是其他银行的银行, 就像银行的妈妈一样, 让银行把一部分存款放在她那, 就像一个安全垫一样。平时没事的时候, 这部分放在银行妈妈那里的钱是不可以拿去干其他事的, 如果有特殊情况, 比如发生金融危机, 就可以拿来救急。这样, 因为有了这个安全垫, 所有的银行都会更安全, 风险更低。"

"哦, 我明白了, 就像我把钱放在您这一样, 是最安全的! "

"哈哈, 也可以这么理解吧。" 妈妈笑道, "跟你把钱借给小嘉或者弟弟相比, 放在妈妈这里是更安全的, 不过因为妈妈刚才说的那些原因, 银行比妈妈更安全哦。"

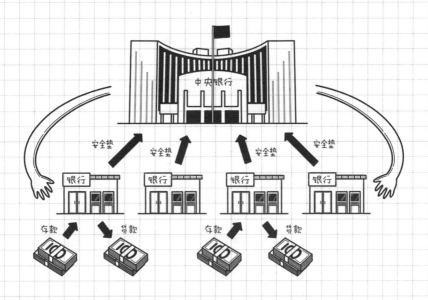

魔法基本功练习

如果你要把自己的压岁钱拿来做投资，你会存到银行吗？还是借给其他人？或者是作为股权投资到某个生意里面呢？你会问爸爸妈妈家里的钱是如何投资的吗？

赚钱的方法

我发现当我知道了更多关于钱的知识，就发现了更多可以赚钱的机会，妈妈说这叫"你不理财，财不理你"，真是有意思。我发现有同学愿意组我带去学校的小说，也有同学买我带去学校的零食。我还专门又买了一些零食带去学校，都被同学买了，我真是小赚了一笔。

不过我也发现，有了更多知识，虽然发现了更多机会，但也会带来更多问题。今天生活老师发现了我放在宿舍里的零食，扣了我的诚信积分。老师说只能带牛奶和水果去学校，不能带零食。这个规定其实我也知道，但是很多同学都带零食去的，为什么只惩罚我呢？我觉得自己真是冤枉，而且老师也太不公平了。

这件事情让我很不开心，回到家吃饭也没胃口。

"是谁又惹你生气啦？"妈妈察觉到我有些不对劲。

我低着头，扒拉碗里的饭。

"被扣积分了？"妈妈猜得还挺准，不知道是不是因为之前我抱怨过其他被扣分的事。

我点点头："嗯，老师发现我带去的零食了……"

"哦，上次家长会老师说过只能带牛奶和水果去学校，不能带零食。那你吸取教训吧，以后别带零食去学校了。"妈妈说。

"而且吃太多零食也不好哦，以后少给她买点零食。"爸爸对妈妈说。

"她的零食都是她自己用零花钱买的。"妈妈笑着说道。

"哦，那小稳你自己得计划好哦，少吃一点可以，但不能太多哦，不健康的。"爸爸对我说。

"零食我吃得不多，主要是卖给同学了……"我解释说。

"哈哈，原来是为了赚钱。有这个意识是好的，但有句古话叫作'君子爱财，取之有道'，"爸爸接着说道，"意思是有才有德的人喜欢正道得到的财物，不要不义之财，赚钱的前提是要遵守规则。"

"但是其他同学也有带的，为什么老师只扣我的积分，太不公平了。"说到这我更加生气了。

"其他同学没被发现是因为侥幸，并不代表他们是对的，也不代表他们以后不会被发现。"妈妈继续说，"我们首先要做好自己的事情，如果你愿意，也可以尝试去影响他人，比如用自己的例子劝同学不要再带零食去学校了，也可以向老师报告其他同学带零食的事。"

"啊? 打同学小报告啊，我可不想没朋友。"我想到班上的小芸就是这样的。

"哈哈，这个你自己权衡吧，但是管好自己，遵守规则是最基本的原则。"妈妈继续说，"长大以后你可能会遇到比带不带零食，要不要打小报告更严肃和更重要的事情，但是原则都是一样的，首先做好自己，有能力再去影响他人。至于如何影响，相信你以后会有能力自己分析利弊做出决策，甚至如果你觉得规则不合理，也可能通过影响更多的人去改变规则。爸爸刚才说得很对，'君子爱财，取之有道'。还有一句话叫'法网恢恢，疏而不漏'，意思是天道广阔，看起来似乎并不周密，但最终不会放过一个坏人。有的人做了错事很快就受到惩罚，也有的人做了错事可能几十年后才受到惩罚，但这一天终究会来。我们做事情不能有侥幸心理。"

我点点头，爸爸妈妈说的道理我明白了，但我怀疑老师能不能发现其他同学的零食。还有，以后不能带零食去学校卖了，还有其他赚钱的方法吗？

对了，我还有一个问题，就是我的压岁钱，以后就这样一直存在妈妈那里吗？像妈妈说的那些投资，会不会有比存在妈妈那里更好的方式呢？

于是，有一天在妈妈给我看存款利息的时候，我问道："妈妈，如果我找到其他更好的投资，我能拿压岁钱去投资吗？"

"你在考虑其他投资了吗？比如说呢？"妈妈问。

"我还没想好，我是说如果。"

"可以啊，但是要做好投资，你还需要很多知识和经验哦。你可以一边学习一边实践，以后你会发现，你现在学习的很多知识，语文、数学、英语、UOI（Unit of Inquiry，单元主题探究）都跟投资有关，生活中的很多现象，都跟钱的运转有关。"

"我现在已经发现很多事情都跟钱有关了！"我点点头。

"你现在要做的是打好知识的基础，管好自己的零花钱。等你有其他投资想法的时候，可以跟妈妈讨论，我知道的可以教你，我不知道的我们可以一起探究和学习。要做好投资，我们需要不断地学习。"

你发现第二个魔法碎片了吗？

魔法碎片2
规则
有子爱财，取之有道。

魔法基本功练习

还记得前面利用魔法碎片1的基本功练习吗？我说过这是有危险的，看我就被老师扣了分，所以魔法碎片1必须和魔法碎片2一起使用，就是赚钱必须遵守规则，这样才能安全哦。现在可以使用魔法碎片1了，但前提是让爸爸妈妈帮你确认一下是否正确使用了魔法碎片2哦。

现在我们的大世界魔法图要连接到更多领域了哦，里面包含的魔法必修课也很多哦。

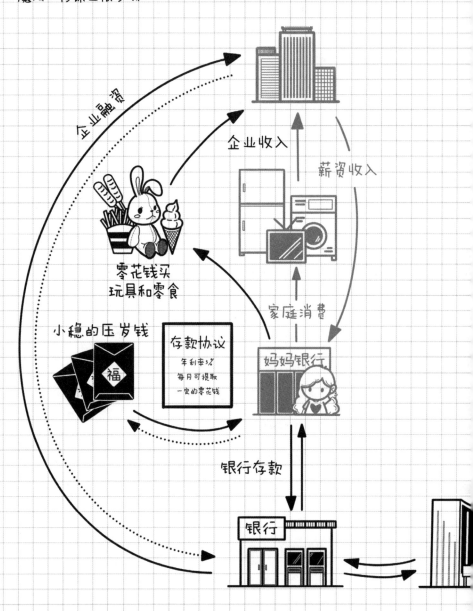

企业融资

企业收入

薪资收入

零花钱买
玩具和零食

小稳的压岁钱

存款协议
年利率3%
每月可提取
一定的零花钱

妈妈银行

家庭消费

银行存款

银行

魔法必修课 3: 钱的时间价值

利息是钱的时间价值, 由于钱用于投资, 在一段时间后可以产生收益, 这个收益就是钱的时间价值.

魔法必修课 5: 风险与回报

一般来讲, 收益越大, 风险就会越大.

银行的风险比较小, 主要是由于:

第一, 银行投资于风险较小的债权投资, 而非股权投资.

第二, 银行的债权投资分散.

第三, 银行有存在中央银行的存款作为安全垫.

魔法必修课 4: 消费与投资

花了钱立即得到收益, 而以后不会有收益了, 叫作消费; 花了钱不一定立即有收益, 但长期会有收益, 或者以后会有收益, 叫作投资, 投资购买的东西叫资产.

魔法必修课 6: 资本结构

债权是指收益相对固定, 无论被投资的资产是否赚钱, 都需要收回本金和固定收益的投资; 而股权是指收益随被投资的资产是否赚钱而变动的投资.

银行

第 4 章

高铁从哪里来，到哪里去

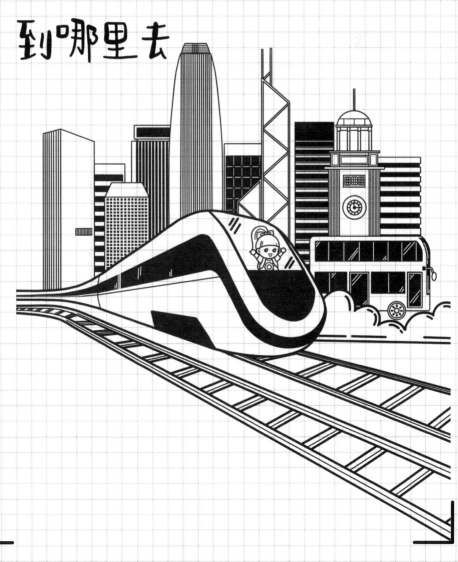

坐高铁从香港回家

这个五一假期很开心，爸爸妈妈带我和弟弟到香港玩。前两天我们坐了城市观光巴士，还去了香港科学馆。最特别的是，我们是通过港珠澳大桥到的香港。去年（2018年）大桥开通的时候，老师就给我们讲过港珠澳大桥，我们还在课堂上看过介绍视频。那样子真是壮观啊，一部分像海面上的巨龙，一部分又钻入海底。当时还有同学说特别想登上海上的人工岛看看。这次我真的近距离看到它了！汽车在大桥上行驶的时候，两边都是茫茫的大海，就像在海上开一样。回学校我一定要向同学们好好介绍一下。

回家的时候，妈妈说我们坐高铁走。高铁站人真多啊，过检票口的时候，妈妈让我拿着自己的票。

上车后，妈妈要把票收走，我还有点舍不得呢。拿着自己的票的感觉真好，上面还有我的名字呢。我拿着票仔细看起来，107.5元，"这

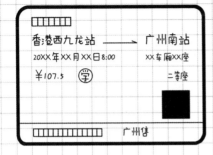

是高铁票的价格吗？"我问妈妈。

"是啊，你的儿童票是半价，我们大人的是 215 元。"妈妈把她的票给我看。

"一个人要 215 元，这么多人坐高铁，那高铁站赚很多钱哦！"我现在对于可以赚钱的事情确实很感兴趣。

"那可不一定哦，虽然收的钱多，但是修高铁也要花很多钱的。"

"哦，那不赚钱为什么有人修高铁呢？"

"哈哈，这是个好问题。"妈妈笑道，"你知道高铁是谁修的吗？"

"谁啊？"我好像是第一次想到这个问题。

"总体上讲是政府代表国家修的。"妈妈说。

"那国家有很多钱咯？"

"跟个人比起来，国家是有很多钱，但是跟国家要做的事比起来，可能又不一定。"

"啊，妈妈，您说话怎么总是这么多'但是'啊，所以国家的钱到底是多还是少呢？"

"这确实不是一个简单的问题哦。你知道国家的钱是怎么来的吗？"妈妈在讲一个问题的时候总是会提出更多的问题。

"国家的钱从哪里来？"这好像又是一个我没有想过的问题。

妈妈见我一脸疑惑的样子，就接着说："国家的钱主要是通过税收来的，几乎每个人、每个企业都要交税。"

"税收？"

"是的，税有很多种，个人交的税最常见的就是个人所得税。比如爸爸妈妈上班挣的钱，有一部分就要交给国家，类似于公司给爸爸妈妈发100元，如果税率是5%，这里有5元就要交给国家。公司赚了钱也是一样的，要交一部分给国家。"

"啊？为什么啊？"那这么看国家确实应该会很有钱啊，我心想。

"因为国家收了这部分钱就可以提供很多公共服务啊，比如安排警察维护治安，训练军队保卫国家，办学校，办医院等，还有就是修高铁啦，还有港珠澳大桥……"

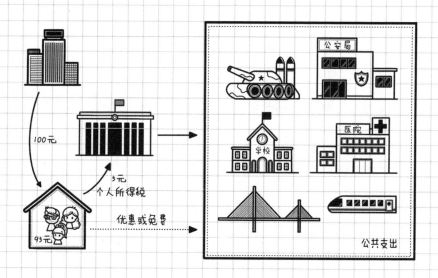

"哦，我明白啦，就像我们班级收班费一样。"我想起妈妈跟我说过，我们班级活动花的钱都是家长交的班费，"每个人交一些，

合在一起做班级活动！"

"对啦，基本是这样。"

"嗯，不对啊，还是有些不一样，"我想着妈妈说的警察之类的例子，"国家出了钱，但是我们坐高铁还是要给钱的啊，我们需要给警察钱吗？"

"哈，这也是个好问题。我们不需要给警察钱。妈妈想想怎么给你讲这里面的不同哈……"

"回家再讲吧，我们要下车了哦。"爸爸提醒。

"啊，这么快就到了啊，比我们坐汽车从港珠澳大桥去香港的时候好像快多了！"我对高铁的速度感到有点惊讶。

"是啊，要不怎么叫高铁呢，就是高速铁路啊！"

电动汽车越来越多

这几天回家的时候，我发现楼下车库多了几个新装置，爸爸说那是电动汽车的充电桩。

"以前没有电动汽车吗？我看有很多玩具电动汽车啊。"我有些好奇，等爸爸停好车之后，我跑到充电桩旁边转悠。

"以前也有电动汽车，只是以前的电动汽车主要受电池技术的影响，跑不了太快或者跑不了太远，所以在公路上跑的还是燃油车多一些。电动汽车只能在一些有限的场景里使用，比如你说的玩具车。"爸爸说道。

"那现在电动汽车是跑得更快了吗？"

"是啊，电池技术在进步，政府也给买车者提供了很多补贴，买车的人多了，汽车制造商就有更多资金投入研发去改进汽车，汽车做得越来越好，越来越便宜，买的人就会越来越多……"

"爸爸等一下，啥是补贴啊？"我之前好像没怎么听过这个词。

"补贴就是我们如果买电动汽车，政府会帮我们出一部分钱。比如我们买一辆电动汽车，车的价格是 50 万元，政府如果给 5 万元补贴，那我们就只用出 45 万元。"

"哇，那政府要给很多钱出去啊？"我想起来好像之前还听过政府要在哪里给钱来着。"啊，妈妈还说过国家要出钱修高铁，安排警察……好像妈妈上次还有个什么问题没讲完呢，不记得了。"

"哈哈，妈妈前两天还在画图准备给你讲呢，咱们回去看看她准备好了没有。"爸爸神秘地笑道。

回家后，妈妈果然拿着一张纸来找我了，纸上画了一个"田字格"。"小稳，还记得咱们在高铁上讨论过为什么政府出钱修了高铁，我们还要买车票的问题吗？"

"记得……但不多，刚才爸爸还说政府会出钱给买电动汽车的人。"

"啊，是的，电动汽车补贴也可以作为我今天要讲的一个例子。"妈妈开心地展开那页纸。"你看，我先给你讲两个概念。一个是竞争性，一个是排他性。"妈妈在"田字格"的两边分别写下这两个词。

"竞争性是指一个东西给 A 用了就不能给 B 用，如果 B 要用，就必须再花钱做一个。比如冰激凌，给你吃了一个，如果弟弟也要，就要再买一个，冰激凌店员需要再做一个，需要消耗牛奶、鸡蛋、糖等材料。这些材料叫边际成本，就是每生产一个新的产品需要花费的成本。有的成本不是边际成本，比如生产冰激凌需要的设备，不管生产 1 万个还是 2 万个冰激凌，都需要购买设备，所以冰激凌设备的成本虽然也是生产冰激凌的成本，但不是边际成本。能明白吗？"

"明白，不过这个跟国家修高铁有什么关系呢？"

"有边际成本的东西是有竞争性的。有的东西在一定程度上没有边际成本，或者边际成本接近于零，就没有竞争性，因为多一个人用不妨碍已经在用的人，我们把它叫作非竞争性。比如政府修了高铁，我想坐，买了一张票，你也想坐，只要再买一张票就行了，政府不用为你再修一条高铁或者再买一列车，甚至也不用再多请列车乘务员，一张高铁票的成本对于政府来说接近于零。也就是说我用高铁不妨碍你用高铁，我们是非竞争的。"

"但是，如果所有车票都卖完了，就不一样了哦。"我想起上次十一假期，妈妈好像说她没抢到高铁票。

"是的，所以我说'在一定程度上'，就是说当高铁不十分拥挤的时候，而不是绝对的。边际成本的定义也是相对的，当高铁运力不够，需要增加一列车厢的时候，政府再多卖车票的边际成本就不为零了。这样明白了吗？"

"明白……吧，有点像我和弟弟看电视，如果我们看同一个节目

竞争性

非竞争性

就不竞争，想看不同节目的时候就有了竞争。"

"嗯……也能这么说吧。当你和弟弟看同一个电视节目的时候，咱们家有一台电视机就可以了，多一个人看几乎没有成本，看电视的边际成本为零。但如果你和弟弟总是要看不同的节目，咱们就得再买一台电视机，多一个人看电视的边际成本就变成购买一台新电视机要花费的钱了。"

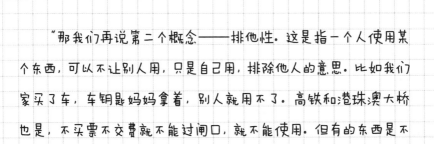

魔法基本功练习

你能想到什么东西是竞争性的，什么东西是非竞争性的吗？奥特曼卡片是竞争性的还是非竞争性的？奥特曼的电视剧呢？可以用奥特曼卡片和奥特曼电视剧的边际成本来解释吗？

"那我们再说第二个概念——排他性。这是指一个人使用某个东西，可以不让别人用，只是自己用，排除他人的意思。比如我们家买了车，车钥匙妈妈拿着，别人就用不了。高铁和港珠澳大桥也是，不买票不交费就不能过闸口，就不能使用。但有的东西是不能阻止别人使用的，比如空气，谁都可以呼吸，我不能只让自己呼吸，不让别人呼吸，空气就有非排他性。再比如咱们楼下的碧江，有很多人去钓鱼，不能把河堤都封起来，不让人去钓鱼。"

买票才可以入闸　有钥匙才可以开车

排他性

自由呼吸空气　自由钓鱼

非排他性

"也可以把河堤封起来吧？修围栏就行了。"

"所以这个排他性也不是绝对的，有的东西不具有排他性，不是因为完全不可能不让别人用，而是排除别人用的成本可能会很高，就比如在河堤上修围栏，不但要消耗人力、物力，修好后还得想办法防止有人翻围栏。"

魔法基本功练习

你能想到什么东西是排他性的，什么东西是非排他性的吗？主题乐园是排他性的，还是非排他性的？路边的草坪呢？

"那倒是，确实太麻烦了。"

"理解了竞争性和排他性的概念之后，我们就可以来填表格了。如果一个物品或者服务既具有竞争性，又具有排他性，那就是私人物品，比如刚才提到的冰激凌、汽车。这个理解吧？"我点点头。妈妈把冰激凌和汽车填在了左上角的格子里。

"如果一个物品或者服务既有非竞争性，又有非排他性，那就是纯公共物品，比如警察、军队，我们只要在中国，就受中国军队的保护，国家不会因为多一个人或少一个人而调整军队规模，也不能把境内的公民排除在保护范围之外。"妈妈把警察和军队填在了右下角的格子里。"这个能理解吗？"

"有点复杂呢。"我好像还不是很清楚。

	竞争性	非竞争性
排他性	私人物品（市场提供） 例如：冰激凌、汽车	
非排他性		纯公共物品（政府提供） 例如：警察、军队

"再举一个例子，还是拿电视机来说哈。我们家买了一台电视机，如果家里来了亲戚朋友，我们不需要因为他要看电视而再去买电视机，这是非竞争性，我们看电视的时候也不能不让他看，这是非排他性，所以电视机是我们家的纯公共物品。"

"哦，这下明白了。"我想起同学也来我们家看电视。

"接下来我们要一起回忆一下以前讲的市场供需关系了。"妈妈又拿出了一张旧的草稿纸，我想起来了，之前妈妈卖冰激凌的时候给我讲过。"市场的供给和需求是动态平衡的，这个平衡决定价格。用市场提供私人物品是可以的，而且是高效的。比如冰激凌和汽车，有很多品种，很多品牌，我们可以根据自己的需要选择并付费，商家会根据客户购买的情况动态调整商品供给。但是让市场去提供纯公共物品是不行的。"妈妈停顿了一下，"你知道是为什么吗？"

"为什么……嗯……不知道呢。"

"你想一下哈，如果你和弟弟想吃冰激凌，我说让你们用自己的零花钱买，你们愿意吗？"妈妈问。

"愿意吧，如果您不给我们买，而我们非常想吃的话。"

"那如果你们想看电视，而我们家里没有电视机，我说让你们用自己的零花钱买电视机，你们愿意吗？"

"啊？我哪有那么多零花钱买电视机啊！而且为什么要让我们买啊？你们不是也看电视吗？爷爷奶奶和姥姥姥爷看得更多！"

"对呀，电视机是我们家的纯公共物品，因为两个原因不能由你和弟弟来买：第一，因为你们没有那么多钱，纯公共物品一般都需要比较大的投入，由市场中的个体来投资使用很不划算；第二，纯公共物品不能排除别人来使用，如果个人投资了，其他人可以免费使用，就是"搭便车"了，有失公平，所以

也没有个人愿意投资。因此，纯公共物品只能由政府来提供，比如警察、军队等，就像我们家的电视机要用家庭资金来购买一样。"

"啊，明白了。"我看还有两个格子是空着的，"那剩下两个格子呢？"

电动汽车与高铁

"现在，我们来看看高铁哈，你觉得高铁应该填在哪个格子里？"妈妈分别指了指右上角和左下角的格子。

"高铁……您刚才讲过，高铁建好了可以很多人同时乘坐，所以没有竞争性，但是不买票入闸又不能用，所以……是非排……哦不，是排他的。那应该在这里咯？"我指着右上角的格子说。

"对，很棒！我们管这类物品叫'俱乐部物品'，俱乐部的成员可以用，但可以把别人排除在俱乐部以外。"妈妈接着在格子里写下"俱乐部物品"五个字。"对于俱乐部物品，因为既不是纯私人物品，也不是纯公共物品，所以提供方式也介于市场和政府之间，一般用混合的方式提供。"

"混合方式？怎么混合呢？"

"具体有很多不同类型的混合方式，但总体来讲就是政府出一部分钱，市场出一部分钱。"

"啊，我知道了，政府投资修了高铁，但是我们坐高铁还要给钱。"

"对的，太棒啦！"妈妈继续说，"刚才你说，爸爸说政府要出钱给买电动汽车的人，也是一种混合方式，就是提供补贴。"

"对对，爸爸提过'补贴'这个词。等等，不对啊，您不是说汽车是私人物品，由市场提供吗？为什么政府还要给钱呢？"

"啊哈，这是个好问题，这跟这个格子的内容有关。"妈妈指着左下角的格子，"还记得我刚才说的空气的例子吗？我们不能阻止他人呼吸空气，所以空气是排他性的还是非排他性的？"

"非排他性的。"

"那空气是竞争性的吗？多一个人使用空气会不会多一份成本？"妈妈问道。

"空气的成本？空气没成本吧？"我心想这是什么奇葩问题啊。

"如果只是人呼吸的话，空气确实是没什么成本的。但是加上汽车就不同了。"妈妈接着说，"我们先看呼吸哈。老师讲过呼吸作用吗？我们吸入空气的时候会吸收空气中的什么成分，呼出什么成分呢？"

"啊，我们学过，吸入氧气，呼出……二氧化碳！"

"那地球上的人越来越多是不是会使得二氧化碳越来越多？"

"是啊，不过我们也学过光合作用，植物会吸收二氧化碳，释放氧气。"

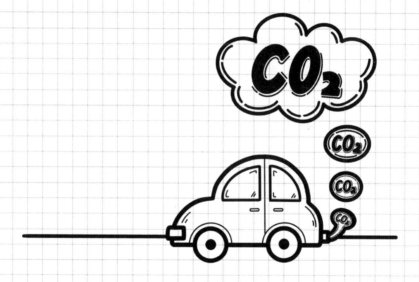

"是的，这样可以达到空气构成的平衡。如果只是人呼吸消耗氧气和释放二氧化碳，那这个平衡是没有问题的。但是汽车烧汽油的时候消耗的氧气和放出的二氧化碳会比人多很多，而且现在森林也越来越少，所以二氧化碳就越来越多了。"

"二氧化碳多了会有什么问题吗？"

"你们在学校学过温室效应吗？"

"啊，我想起来了。二氧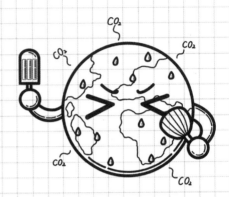化碳就像地球的温室棚子，会让地球越来越热，然后会使冰川融化，海水就会淹没陆地……"我想起科学课老师给我们讲过温室效应的问题。

"是的，这就是使用空气的成本。这样使用空气就有竞争性了。还有一个说法叫作'外部效应'，就是说一个人的行为会给别人带来伤害或好处，而这个人并未承担这个伤害的成本，或者享受这个好处。"妈妈指着左下角的格子，"所以空气应该放到这里，之前我们提到的碧江也是，如果钓鱼的人太多，就会破坏生态平衡。这类物品被叫作'公共池塘资源'。这个概念明白吗？"

我点点头。

	竞争性	非竞争性
排他性	私人物品（市场提供） 例如：冰激凌·汽车	俱乐部物品（混合提供） 例如：高铁·港珠澳大桥
非排他性	公共池塘资源（平衡外部效应） 例如：空气·碧江	纯公共物品（政府提供） 例如：警察·军队

"对于这类资源，政府为了让带来伤害的人付出代价，就可能会进行罚款；或者让带来好处的人获得收益，就会提供补贴。电动汽车不需要烧汽油，也就不会产生那么多二氧化碳，减少了环境污染，会让全人类受益，所以政府就用补贴奖励买电动汽车的人。"

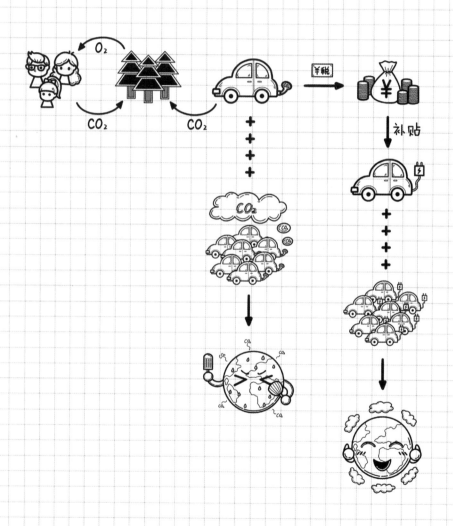

"哦，那确实应该买电动汽车啊，又省钱，又为环保做贡献！咱们家为什么不买电动汽车啊？"

"呃……咱们家买车的时候电动汽车的性能还没有现在这么好，以后如果换车应该会买电动汽车了。"妈妈说道，"电动汽车确实也是经过很长时间的艰苦发展才到今天的水平的。这也是政府为电动汽车提供补贴的另一个原因。这个我们后面有时间再讲。今天内容已经很多啦，咱们先消化一下，明天再一起做个总结。"

今天的新东西确实好多啊，而且一环扣一环，好像全部的事情都有关联。我好像每一个都听懂了，但是依然觉得脑子有点乱。

魔法基本功练习

你能想出哪些公共物品呢？有没有发现公共物品是有适用范围的呢？比如电视机在我们家是公共物品，但是如果把范围扩大到家庭之外，电视机就变成每个家庭的私人物品了。你们家的公共物品有哪些？一个国家的公共物品又有哪些呢？

神奇的大"生意"

　　第二天一早，妈妈又拿着纸和笔来我房间了。"我们把昨天讲的东西串一串哈。还记得妈妈之前给你讲过的'看不见的手'和'看得见的手'吗？"

　　"啊，'看不见的手'……有印象呢。"好像妈妈原来讲过，但一下又想不起来。

　　"'看不见的手'是市场，'看得见的手'是政府。妈妈当时是用你们想吃薯条，但是学校食堂限量供应的例子来打比方的。"

　　"哦哦，'看不见的手'是供需平衡，'看得见的手'是学校限量供应薯条！"

　　"是的，非常棒！你还能记得。类似地，我们昨天讲的政府修高铁和提供电动汽车补贴也是'看得见的手'。"妈妈说着，开始在纸上画起来。"昨天讲过，爸爸妈妈都要交税，很多公司也要交税，这些税是政府的收入。然后政府就用收到的这些税做很多必须由政府去做的事，比如国防、警察、法庭、教育、医疗、科学技术研究、修高铁、补贴电动汽车等。而其中的一些事情，也可以由市场和政府共同提供。比如昨天提到的高铁和电动汽车。另外教育、医疗也是这样的，政府要建学校和医院，同时我们上学和看病也需要花一

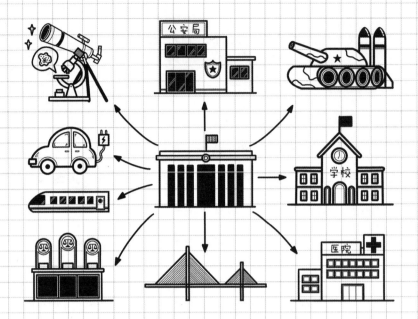

定的钱。而政府也允许私人在政府的监管下办学校和医院，作为补充，为人们提供更多不同的选择。"

"哇，政府要做的事情真是多，会不会钱不够用啊？"我经常会觉得零花钱不够用，需要好好计划。

"会啊，所以政府也会借钱。还记得妈妈给你讲过的银行存款吗？"

"记得啊，就像我把压岁钱存到您这里一样。"

"是的，我们把钱存到银行，其实就是把钱借给银行，银行再借给需要投资的公司或个人。同样，银行也可以把钱借给国家。或者我们可以把钱借给国家，不通过银行，这样比把钱存到银行还安全。这种方式是购买国债。国家发行国债，我们买国债，国家也会给我们利息。政府借了钱之后，就可以拿这些钱去做它需要做的事情了。"妈妈说着，在纸上又画了一个国债的箭头。

"比银行还安全啊？但政府花了这些钱又不是在做生意，之后怎么收回来还钱呢？"

"政府做的是更大的'生意'。还记得昨天我们提到的外部效应吧？"

"外部效应？"我努力在记忆中提取这个词，"啊，就是一个人做了事对别人产生影响。"

"是的，不只个人做事有外部效应，政府花钱有更大的外部效应。"妈妈接着说，"上次咱们坐高铁从香港回家是不是很快？"

"是啊，比去的时候从港珠澳大桥走快多了！"

"以前妈妈每个周末去香港上 MBA 课的时候，去香港主要是坐大巴或者坐船，到了香港还要转来转去，基本要4个小时才能到目的地。后来通了高铁也只到深圳北，还得在深圳转地铁，过关之后坐香港地铁，然后坐小巴，才能到学校。现在高铁不到一个小时就可以直接到香港的商业中心，帮很多人节省了很多时间，也使得更多内地人更频繁地去香港，更多香港人更频繁地来内地。大家都赚更多的钱，花更多的钱，也交更多的税。同时，高铁周边的房子也更值钱了，人们的财富更多了，又会花更多的钱，交更多的税。这就是政府修高铁的外部效应。这样，政府的收入也增加了。"妈妈说着在纸上画了一条线，正好把政府花钱和收钱从另一边连起来了，形成一个圈。"你看，这样政府修高铁是不是就是投资做'生意'了？
通过产生更多税收取得收益。"

"啊，是的，好神奇，那这样政府修高铁就不是外部效应，而
是'内部效应'了？"

"哈哈，也可以这么说。"妈妈竖起大拇指，"好像还更恰当！
其他也是一样的，比如政府花钱办教育和搞科研，公民的素质更高，
研发出更先进的科技以后，就能做出更多更好的产品，不但可以在
国内卖，还可以卖到国外去，更多人赚更多的钱，交更多的税，政府
的收入就会更多。当然，这一切的前提都是要有和平的环境和良好
的社会秩序，所以国防、警察和法庭也是必须投入的。"

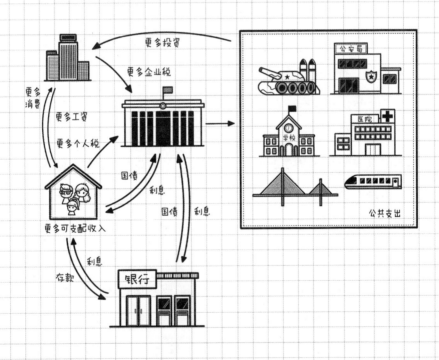

"哇，这真的是一盘大'生意'啊！而且很神奇，像魔法一样！"我感叹道。

"神奇吧？还记得妈妈跟你说过我们想投资赚钱需要不断学习吗？也包括学习大'生意'的知识，因为这盘大"生意"跟每个人的小生意都有关，而且这盘大'生意'还有很多跟小生意不一样的地方，比如刚刚我们讲的借钱，有可能大'生意'借了钱是不用还的。"

"不用还钱？"我太惊讶了，心想还有这么好的事！

"是啊，不过这个问题就比较复杂了。这就是宏观经济的魅力！"

"宏观经济？"又是一个新名词。

"这个留着以后再讲吧。"妈妈笑着，仿佛背后还有更神奇的东西。

花我自己的钱

周末开心的事情之一，就是妈妈有时候会带我去看电影，我们还会顺便在外面吃饭。不过每次不管吃没吃过饭，我都会被电影院大堂里诱人的爆米花味儿吸引。

"妈妈，我们买一桶爆米花吧。"这个周末，我们又来看电影，我忍不住问妈妈。

"可以啊，用你的零花钱买吧。"妈妈又出这一招了。自从我把压岁钱存到妈妈那里以后，妈妈会每个月从压岁钱里提取一定额度给我作为零花钱。后来，我发现这居然是一种妈妈让我少买玩具的方法，因为当我想要买新玩具的时候，妈妈就会说"可以啊，但是要用你

自己的零花钱买"，神奇的是，我真的没那么想买了。

　　"啊？那……算了吧。"我前两天才用零花钱买了新的立牌，想想可怜的余额，就觉得没那么想吃爆米花了。"不过，妈妈，为什么我们一起吃饭、看电影就可以是您付钱，但爆米花就要让我付钱呢？"

"嗯?"妈妈看起来有点意外,想了想说,"还记得我给你讲的公共物品和外部效应吗?"

"高铁、电动汽车那些吗?记得啊,跟爆米花有关系?"我好奇地问。

"我们一起吃饭、看电影也是一种家庭活动,让大家都开心,对于我们这个家庭来讲,算是公共物品,所以妈妈用家里的钱来买单。再比如你和弟弟上学,虽然钱花在你们身上,但是对爸爸妈妈来说有正面的外部效应。一方面,我们履行了抚养义务;另一方面,你们长大成才,爸爸妈妈以后生活也幸福,所以我们也愿意在你们的教育上花钱。但是吃爆米花不同,对于我们这个家庭并不是公共物品,对于妈妈也没有正面的外部效应,所以就得用市场化原则,你觉得对你有价值,你就自己花钱买。"

"啊,这样啊。"我感叹妈妈居然能把外部效应用到零花钱上。"那我以后都可以用零花钱买我自己想买的东西了哦?"我问道。

"嗯……也不完全是,还是用'外部效应'这个事来打比方,如果这个事有负面的外部效应,就不能让你随便花钱了。"妈妈继续说，"你吃爆米花，我觉得其实会有一点负面效应，因为我们才吃了饭，再吃爆米花可能就热量超标了。如果今天弟弟也来了，负面的外部效应可能会更大，因为你吃，他也要吃，本来他就不好好吃饭，吃了爆米花就更不好好吃晚饭了。所以如果今天弟弟也在的话，我可能就不允许你买了，或者如果他也要的话，我会让你给他也买一份，相当于让你为你带来的负面外部效应买单。"

"啊？还能这样？"我想幸亏今天没带弟弟出来。

"好啦，我们该进场了，要买的话就赶快去买哦。"妈妈提醒道。

"不买了，我们进去吧。"说着我们一起检票进了场，看电影的时候我不但没馋爆米花，还为省了钱而感到那么一点开心。

妈妈这个"市场化原则"还真的管用，我现在想买东西的时候都要先看看需要多少钱，还会为一些"大宗"消费每个月存一些零花钱，而且我还发现，很多东西虽然我没买，但我记住了它们的价格！

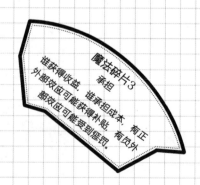

魔法碎片3
谁获得收益，谁承担成本，有正外部效应可能获得补贴，有负外部效应可能受到征罚。

魔法基本功练习

你有没有受到惩罚或者获得补贴（或奖励）的经历呢？是不是因为你的行为有负面或者正面的外部效应呢？

大世界的魔法图又进一步扩充了! 看看这次又有什么新的魔法必修课.

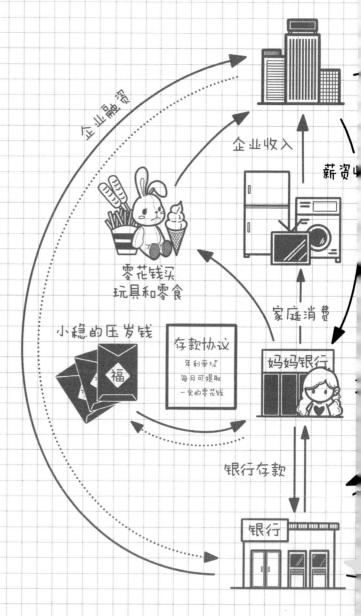

企业融资

企业收入

薪资收

零花钱买
玩具和零食

家庭消费

小稳的压岁钱

存款协议
年利率3%
每月可提取
一定的零花钱

妈妈银行

银行存款

银行

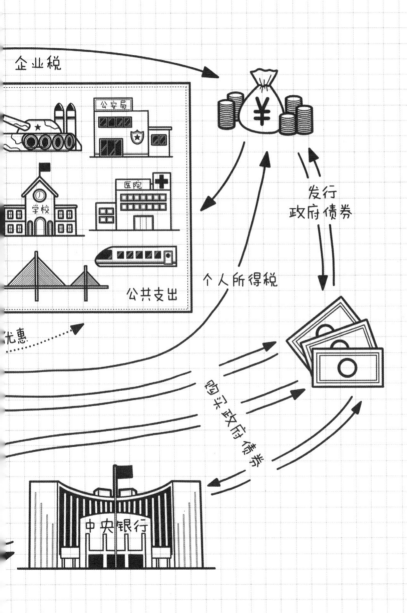

企业税

公安局

学校

医院

公共支出

优惠

个人所得税

发行
政府债券

购买政府债券

中央银行

魔法必修课7: 边际成本

> 边际成本是每多生产一个单位的产品需要增加的成本。

魔法必修课8: 公共物品

看得见的手(政府)和看不见的手(市场)需要分工合作，一般情况下，根据提供物品的不同，合作的原则和方式如下：

	竞争性 (多一个人用多一份成本，即边际成本不为零)	非竞争性 (一定情况下多一个人用成本没有多，即边际成本为零)
排他性 (合理成本下可以排除他人使用)	私人物品(市场提供) 例如：冰激凌、汽车	俱乐部物品(混合提供) 例如：高铁、港珠澳大桥
非排他性 (不能排除他人使用或排除他人使用的成本太高)	公共池塘资源 (平衡外部效应) 例如：空气、碧江	纯公共物品(政府提供) 例如：警察、军队

政府所需的支出主要通过税收和发债来筹集，再通过这些支出提升社会创造价值的能力，从而收更多税，并偿还债务。

魔法必修课9：外部效应

外部效应是指一个人或一群人的行动和决策，使另一个人或一群人受损或受益的情况。使其他人受损为负面外部效应，使其他人受益为正面外部效应。

第5章

彭州的蔬菜和
广东的手机

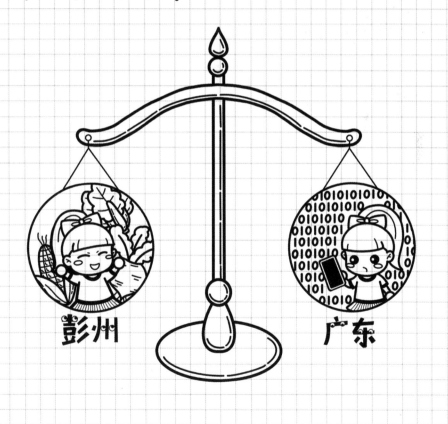

彭州　　　　广东

"妈妈，今年暑假我们能去俄罗斯玩吗？"

"嗯？为什么想去俄罗斯呢？"

"我想去俄罗斯看世界杯！"我记得当时在电视里看到俄罗斯很漂亮。

"哈哈，俄罗斯世界杯是去年（2018年），今年没有了，世界杯不是年年有，而且下一届也不在俄罗斯了。"妈妈笑着说。

"啊，这样啊……"我有点失望。

"你是想看世界杯呢，还是想去俄罗斯？"

"我想去俄罗斯，我在电视上看到俄罗斯有很多漂亮的城堡！"

"啊，你看到的可能是教堂吧。"妈妈拿手机查了一下，"是这个吗？"妈妈给我看手机上的照片，就是我在电视上看到的"城堡"，那个像洋葱头一样的屋顶。

"就是这个，就是这个。"

"这是圣瓦西里大教堂，确实很漂亮，妈妈以前去过一次。暑假去俄罗斯玩应该也可以考虑的，我计划一下哈。"妈妈边想边说，"那你今年暑假也是要跟姥姥回成都的吧？"

"要啊，那肯定的！"我回答道。从小时候记事开始，几乎每年暑假，我都会跟姥姥回四川成都老家。其实也不是成都，而是成都旁边的一个县城，叫彭州。哦，我记得姥爷说过，是叫……县级市。我挺喜欢彭州的，因为彭州有一大家子人，姨姥、舅姥爷、姑姥、三姥姥、大姨、小姨、舅舅、大姐，还有我的表弟小壮……特别热闹，还有很多好吃的，锅盔、冰粉、烧烤、火锅……哇，想想都流口水。

"哦，那就放假之后你先跟姥姥回四川，然后我们大约8月份再去俄罗斯。"

"好啊！"我期待地说。

回到彭州

回到彭州的第一天，姥姥就带我去姨姥家玩。姨姥刚搬了新家，离得比之前远，但也很快就到了。彭州城区好像不是很大，从一头到另一头很快，感觉比我从家里去学校还近。

"小稳，回来住多久啊？姨姥想想带你们去哪里玩。"姨姥问我。

"妈妈说是到8月份吧，然后我们要去俄罗斯玩！"想到要去俄罗斯玩，就有点小兴奋。

"去俄罗斯啊？"姨姥有点意外，"你妈妈怎么想起去俄罗斯玩啊？"

"是我想去的，我想去看那个洋葱顶的教堂！"

"哇，现在的小朋友真是厉害啊，上小学就满世界跑了。你妈妈上大学的时候才第一次出四川省。"姨姥说。

"啊？是吗？"我对妈妈小时候的事情还挺感兴趣的。

"是啊，而且那个时候还很少坐飞机，从成都坐火车去北京最快也要二十七八个小时，而且很难买到票，慢一点的火车要30多个小时。"姥姥补充道。

"那就是一整天还多啊！"
我感到很惊讶。

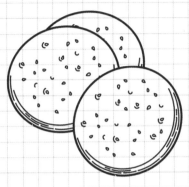

"不过你妈妈要么就不离开家，要么一离开就不回来咯，先去北京，又去广东……"姨姥笑着说。

"是啊，我以前也想不到自己会去广东带外孙，一带就是10年哦，你看小稳都长这么大了……"姥姥感叹道。

"想不到的事情太多了，以前我们也想不到自己一把年纪了，居然还去学了开车……"姥姥和姨姥说起以前的事情好像就刹不住

车了。我却有点好奇，妈妈第一次离开四川时是什么心情呢？

晚上回到姥姥家，妈妈打来了视频电话。"小稳，今天去哪儿玩了啊？"妈妈在视频那头问道。

"去姨姥家了。"我想起姨姥和姥姥说的以前的事，就问妈妈，"妈妈，姨姥说您上大学之前都没有出四川省玩过？"

"嗯？是啊，姨姥怎么提到这个呢？"

"因为我跟姨姥说我们要去俄罗斯玩，姨姥就说我现在真厉害，小学就满世界跑了，您小的时候都没出过四川。"

"哈哈，那是因为现在的交通便利了很多，家里的经济条件也好了很多，而且中国和世界的联系也多了很多。你知道妈妈上大学那年，中国发生了一件大事吗？"妈妈神秘地笑道。

"您上大学是哪一年？"

"2001年。"

"2001年？我是2010年出生的，那就是还有9年我才出生，我哪知道啊？"

"2001年中国加入了WTO，就是世界贸易组织。"妈妈说。

"世界贸易组织？是什么意思？"

"就是世界上的很多国家和地区，为了更好地跟彼此做生意，就一起成立了一个组织，中国加入这个组织，就可以更好地跟世界上的其他国家和地区做生意了，包括我们之前讲的政府的大'生意'和企业的小生意。"妈妈解释道，"等你回家再跟你讲吧。这几天你在彭州可以帮妈妈做个调研哈。"

"调研？什么调研啊？"

"就是向身边的人做个小调研，问问家里人都可以哈。看看彭州主要把本地生产的什么东西卖到外地去，又把外地生产的什么东西买回来。"

"做这个调研用来干什么呢？"我有些不太理解。

"这个也跟我们说的WTO、大'生意'和小生意有关。你先做调研，等你回来我再解答哈。"妈妈神秘地说，"跟我们去俄罗斯玩也有关系哦！"

❦ ❦ ❦ ❦ ❦ ❦ ❦ ❦ ❦ ❦ ❦ ❦ ❦ ❦ ❦

我的调研

在彭州的时间过得很放松，家里的大人常常带我出去玩，不像在广东，爸爸妈妈每天都很忙，周末也很少有空，我还得在周末去上兴趣班。在彭州的时间过得也很快，一转眼就快一个月了。这段时间小姨还带我去爬了丹景山，虽然是大夏天，但是山里面很凉快，也很幽静，登上山顶可以看到远处的山峰连绵不绝，也能俯瞰整个彭州城。跟大山比起来，县城就显得更小了。小姨说这里的牡丹花很有名，每年春天牡丹花开的时候都会有大批的游客慕名前来观赏，每逢节假日去山里的路也都会堵车。好遗憾啊，夏天看不到牡丹花。

　　啊，差点忘了，妈妈让我做的调研还没做呢。我想姥爷应该知道吧，以前吃饭的时候他经常跟爸爸讨论类似的话题，我都不太听得懂。

　　"姥爷，彭州这边生产的什么东西会卖到外地去呢？"吃饭的时候我问姥爷。

　　"卖到外地去？很多东西啊，比如蔬菜。以前咱们厂门口的那个小火车站就是一个蔬菜集散地，像蒜薹之类的，用大冰块隔开保鲜，然后用火车运出去。现在交通更方便了，保鲜技术也更好了，彭州还建了蔬菜基地。"

　　"怪不得每次从四川回广东，你们都要带很多菜回去呢。"

　　"因为彭州的菜便宜很多啊，就算运到成都去都会贵一倍多。还有很多住在成都的人来彭州，回去的时候都会买些菜带上。"

　　"哦，蔬菜。"我在纸上写下来，"还有其他的吗？"

"还有药吧，我们周围有挺多药厂的。还有水泥，最近还搞新材料之类的。"

"药、水泥，"我在纸上记下来，"新材料，是什么东西啊？"

"有很多吧，比如一些高分子材料。"

"高分子材料？"我好像更听不懂了。

"就比如一些性能很好的塑料，你以后学化学就知道了。"

"哦，那我先写上吧，高分子材料……那彭州买什么外地生产的东西呢？"

"那多啦，我们吃穿用的很多东西都是外地生产的啊，比如手机、电视机等。"

"哦，手机、电视机。"我一边说，一边写，"好啦，我的调研任务终于完成啦。"但是，这个和那个 WTO，还有去俄罗斯旅游又有什么关系呢？

魔法基本功练习

你的家乡或者你现在生活的地方都生产什么东西卖到外地去？又从外地买什么东西呢？你也做一个调研吧。

蔬菜还是手机?

又回到广东啦，姥姥姥爷果然又从四川带了一大包蔬菜和水果回来，有玉米、毛豆，还有葡萄……

我从包里拿出调研的记录给妈妈看："妈妈，这是我调研的结果。"

"哇，完成得很棒啊！而且不用我提醒，你都还记得。"妈妈竖起了大拇指，"我看看哈。彭州生产后卖给外地的东西：蔬菜、药、水泥、高分子材料。彭州从外地买的东西：手机、电视机。嗯，都是一些很有代表性的东西。"

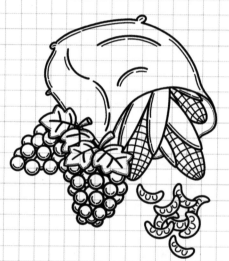

"那和您说的那个W……WTO有什么关系吗？"我问道。

"你想一下，为什么彭州种的蔬菜会卖到外地去，而不是在彭州生产手机卖到外地去呢？"

"啊，姥爷说过，彭州的菜很便宜，您看这次他们又带了很多菜回来。但为什么不生产手机嘛……不知道呢。"

"你知道手机是在哪里生产的吗?"妈妈见我摇摇头,就继续说,"比如苹果手机的生产工厂富士康,最早就是在广东深圳建厂的,现在应该在全国各地有很多厂了。华为手机也是在深圳生产的。因为深圳挨着大海,有很好的港口,可以把很多原材料和零部件从全国及世界各地运过来,组装好之后又可以通过货轮运到全世界。而彭州就不具备这样的条件,东西要运到彭州再运出来就太贵了。但是彭州有另外的优势,那就是有山有水有平原,种出来的蔬菜质量很好,成本很低。"

"嗯嗯,是的,我还去爬了丹景山。"我想起来在丹景山脚下还有一条河,河水很清。

"这就叫'比较优势'。所以,如果在深圳有一块地,生产手机就比种蔬菜能赚更多钱;而如果在彭州有一块地,种蔬菜就比生产手机能赚更多钱。这样,深圳的人就不用种蔬菜了,可以用生产手

机赚的钱去买彭州的蔬菜，而彭州的人就不用生产手机了，可以用卖蔬菜赚的钱去买手机。大家都做自己相对有优势的事情，然后再交换，整个社会的总体产出会增加，大家都可以获益。"

"哦，明白了。"我点点头，"那跟 WTO 的关系呢？"

"那我们就要把眼光放到全世界了。"妈妈继续说，"跟彭州和深圳的关系类似，世界上不同的国家和地区之间也有不同的优势，所以理论上也是可以各自生产自己更具优势的东西，然后再来交换。但是，

这种分工和交换也可能带来一些问题，比如深圳也有农民，如果彭州的菜可以自由地运到深圳来卖，深圳农民种出来的菜可能就卖不出去了，那深圳的农民就会很不开心。还有就是卖手机赚的钱可能会比卖蔬菜赚的多，这样会使深圳的人比彭州的人更有钱，这样彭州的人也会不开心。不同国家和地区之间做分工和贸易也会出现类似的情况。你觉得要怎么解决这个问题呢？"

"怎么解决啊……嗯……能不能让深圳的农民去干别的事情呢？"

"这个想法很好，是可以的，但是，有个前提条件。这也是不同国家之间的关系与深圳和彭州之间的关系的区别所在。深圳和彭州

都是中国的一部分，有中国的中央政府去做协调和平衡。比如为深圳的农民提供培训，让深圳的农民去生产手机，也可以把深圳的手机企业交给国家的税收再作为补贴支付给彭州的农民。这样大家就都开心啦。但是国家与国家之间并没有一个组织可以去做这种协调，只能各个国家自己想办法。于是，各个国家都会设置不同程度的关税。"

"关税？"

"就是自己国家的人如果要买外国生产的东西，需要交一定比例的钱给国家。比如，我们要买一辆在德国生产的汽车，这辆车在德国卖50万元，假如卖到中国需要交50%的税，那我们就得花75万元去买这辆车。这样，中国本土生产的车就更有价格竞争力了。这就叫贸易保护。"妈妈接着说，"但是如果所有国家都这样做，就会使全世界整体的产出减少，各个国家的优势产业不能得到充分的发展，而消费者却要花费更多的钱。所以就有一些国家和地区一起

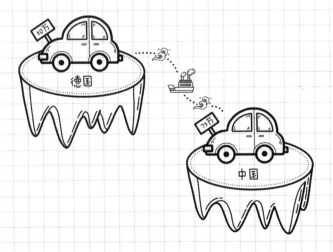

讨论成立了 WTO，相互给予优惠的关税，这样各个国家和地区的优势产业都能发展，消费者都能获益。中国就是在 2001 年加入了 WTO，也就是妈妈上大学那一年。从那以后，中国在之前改革开放的基础上，进一步参与国际分工，有了迅猛的发展。我找一下数据哈。"

妈妈说着找来电脑，开始查询起来。"你看，从 2001 年到 2018 年，中国的 GDP 从 1.34 万亿美元增长至 13.89 万亿美元，是原来的 10 倍。"

"GDP 是什么？"我问。

"GDP 是英文 Gross Domestic Product 的首字母缩写，翻译成中文就是国内生产总值，就是全国创造出来的产品和服务的总价值。"妈妈继续说，"而且你看，中国的全球排名也从第 6 名提升到了第 2 名，仅次于美国。"

"哇，果然是'厉害了，我的国'！"我不禁赞叹道。

"所以爸爸妈妈也是在这个经济高速发展的时期完成了大学的

学业，来到了中国经济发展的前沿地带，改善了家庭的经济状况，才给你和弟弟带来更好的成长环境和成长机会，姨姥才感叹你还是个小学生就全球跑了啊！"

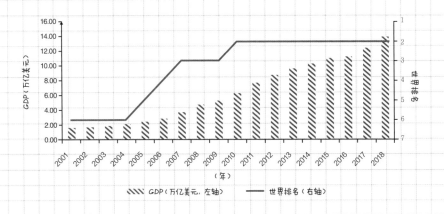

魔法基本功练习

　　还记得我们前面提到过的坐标系基本功吗？这里又要用啦。上面这个图横坐标是时间，左边的纵坐标是中国的GDP总量，右边的纵坐标是中国GDP的世界排名（注意这个坐标轴是上小下大哦），这样就可以看出从2001年到2018年中国GDP的变化啦！你看懂了吗？

偏科的风险

"那现在中国是第2名，是不是很快就能赶上第1名了呢？"我兴奋地问。

"有可能，但也有很大挑战。"妈妈说，"其实从第6名到第2名也已经是很不容易的事情了。参与全球分工，虽然可以利用自己的比较优势，分享全球发展的红利，但是自己的劣势也就更没有发展机会了。比如妈妈刚才说的汽车的例子，如果中国进口德国车的关税降低，就会使德国车的性价比变高，中国会有更多消费者买德国车，而买中国本土生产的车的消费者就会变少，中国车企的收入变少，愿意生产汽车的企业也会变少，那汽车产业就更难发展起来了。"

"那为什么一定要发展自己的劣势呢？不是说大家分工，相互交换就好了吗？"

"因为世界是在不断变化的。比如你的语文比较好，你们班小澜的数学比较好。学校有一个竞赛是可以两个人组队参加的，正好你们俩可以组队，你负责语文，小澜负责数学。你们俩在学校所向披靡，而且参加的竞赛越多，你们接受的锻炼就越多，你的语文越来越好，小澜的数学也越来越好。但因为参加竞赛，你们学习其

他学科的时间都变少了，导致其他学科退步。这时候如果学校改变竞赛规则，比如改成个人参加比赛，而不是组队参加比赛，每个人既要比数学，又要比语文，

你们俩都严重偏科，那就很难继续取得比赛胜利了。还有可能是学校把语文换成了英语，这下你有可能完全失去了优势，那就更惨了。"

"我的英语也不错吧？"我不服气地说。

"我是说假设你为了参加语文竞赛，占用了学习英语的时间嘛！"妈妈笑着说，"放到国家之间的分工上，一个比较典型的情况，就是一些资源大国，比如有丰富石油和天然气的国家，它们靠卖能源给其他国家就可以赚很多钱，所以它们不太有动力来发展其他产业，但是一旦出于各种各样的原因使得对这种资源的需求变少，比如出现了替代能源等，这个国家的经济就会受到比较大的影响。就像把语文换成英语的情况一样。经济学家管这种情况叫'资源诅咒'。"

"哦，就像女巫对小美人鱼的诅咒一样，虽然变成了人的样子，却失去了声音，而且不能跟王子结婚的话就会变成泡沫。"

"哈哈，是这个意思。"妈妈接着说，"所以我说中国从第6名到第2名已经很不容易了，因为在这个过程中，中国不仅利用自己的优势参与全球分工，还励精图治，改革创新，在原来是劣势的方面也实现了赶超。比如我们之前讨论过的电动汽车就是这样。虽然之前中国生产的汽油车的竞争力不强，但是在电动汽车方面中国目前是位于世界前列的。就好像你在参加语文竞赛的同时，也利用课余时间学习数学，而且还找到了高效的学习方法。"

"哦，所以给买电动汽车的人提供补贴就是一种方法吗？"

"是的，非常棒！你还记得这个啊。"妈妈说着竖起大拇指，"还有一种风险，现在美国对中国发起了贸易战，要增加关税，也有专家认为未来可能会进入去全球化的时代，就有点像从原来的组队参加比赛，变成了个人参加比赛。或者更像小澜转去了其他班，从你的队友变成了你的对手，你要么需要靠自己，要么需要去寻找新的队友。"

"还是靠自己安全一些吧？"我想了想，班里还确实很难找到比小澜更厉害的同学了。

"这就要具体问题具体分析啦。这也是未来我们可能面临的跟过去十几年甚至几十年不一样的环境，也特别是你们这一代人需要面临的挑战，但也可能是新的机遇。"

"啊？我要面对的啊？"我有种不可思议的感觉。

"是我们很多人一起要去面对的。世界是在不停变化的，不管是国家也好，还是个人也好，眼前的财富都是一时的，只有不断提升自身的能力，才能适应变化的环境。不仅是你要不断进步，爸爸妈妈也在不断地学习啊，活到老，学到老嘛！"

魔法碎片4
成长
眼前的财富只是一时的，只有不断地学习和提升自身的能力，才有持续的竞争力，才是真正的财富。

魔法基本功练习

跟爸爸妈妈讨论一下，他们小时候关键的竞争力是什么呢？跟现在有区别吗？

大世界魔法图出国啦!

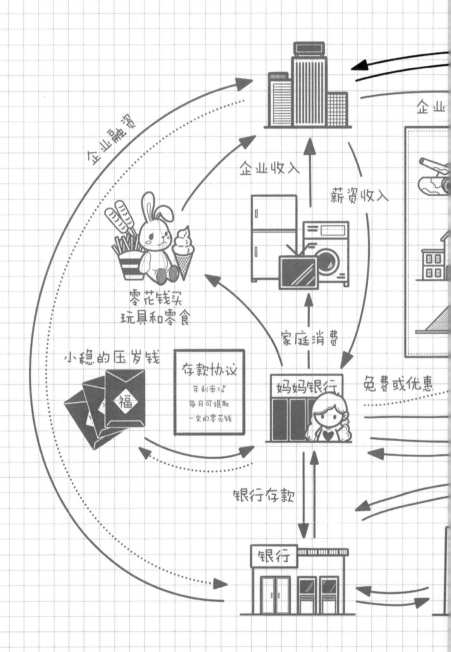

企业融资

企业收入

薪资收入

企业

零花钱买
玩具和零食

小稳的压岁钱

存款协议
年利率3%
每月可提取
一定的零花钱

家庭消费

妈妈银行

免费或优惠

银行存款

银行

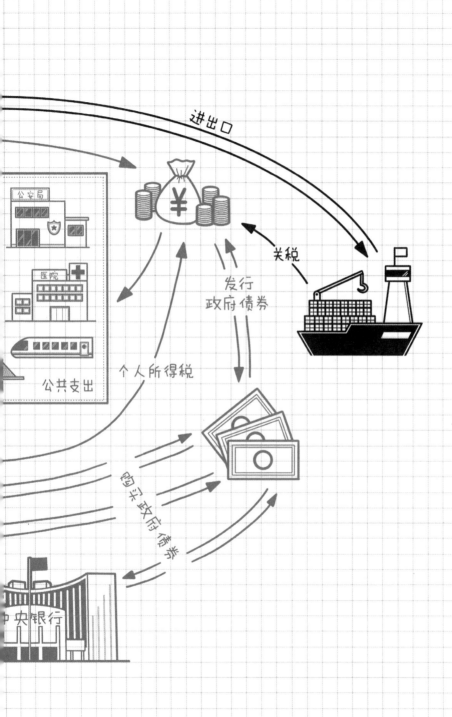

进出口

公安局

医院

公共支出

个人所得税

发行
政府债券

关税

购买政府债券

中央银行

魔法必修课 10: 比较优势

每个国家都集中生产并出口具有比较优势的产品，进口具有比较劣势的产品，这样贸易双方均可提升效率，提升整体产出。

魔法必修课 11: 贸易保护

为了保护本国产业免受外国竞争压力而对进口产品设定关税等经济政策。

魔法必修课 12: 资源诅咒

资源丰富的国家在国际分工中形成对资源出口的依赖，阻碍其他产业发展的现象。

第6章
钱的价格

去俄罗斯看"城堡"

　　实在太开心了，终于等到俄罗斯的旅游了。爸爸妈妈先带着我去了莫斯科，我们去看了那个像城堡一样美丽的教堂，游览莫斯科河的风景。我们还去圣彼得堡看了真正的城堡和宫殿，晚上看马戏和芭蕾舞表演，还吃了很多好吃的。不过，最开心的还是每天和爸爸妈妈在一起。但是时间过得太快，转眼行程快要结束了。

　　"妈妈，我用零花钱请您和爸爸吃饭吧？"

　　"哦？为什么啊？"妈妈又开心又有点惊讶。

　　"感谢你们帮我实现来俄罗斯看'城堡'的愿望啊！"

　　"可以啊，那就今天晚上吧，我在网上看到附近有一家口碑很好，性价比也很高的俄式餐厅。"

　　"好啊！"

　　晚上我们来到妈妈推荐的餐厅，果然很有趣，装水的壶是鸭子的样子。妈妈打开菜单，也递了一份给我："英语的菜单，你看看懂不懂？"

　　"啊，都看不懂啊，

好复杂……啊，这个词我认识，milk 是牛奶，还有这个 duck 鸭子，crab 螃蟹，mushroom 蘑菇……"

　　"哈哈，看懂这些也够点菜了。"妈妈笑着说。

　　"这个是价格吗？"我指着菜名后面的数字问，"这么贵啊，都是几百元？！"

　　"是的，不过这是卢布，跟我们在国内用的人民币不一样。"

　　"卢布？是俄罗斯的钱吗？"我想起妈妈有个装硬币的袋子，都是不同国家的钱。

　　"是的，你这几天都没花钱，可能没留意。你把这个数字除以 10 就差不多是人民币的价格，就是去掉一个 0。"

　　"哦，那好一点。"我松了一口气，"不过也不是很便宜啊！"

　　"零花钱不够的话，让妈妈从你的压岁钱里借支一些。"爸爸眨眼笑道。

　　"你看这个 noodles（面条），要 450 卢布一份，那是不是说东西在俄罗斯就贵呢？"我想起之前在家我

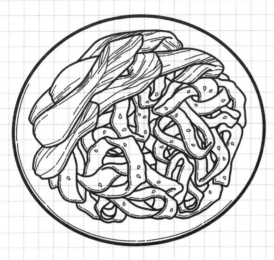

请妈妈吃过油泼面，差不多 20 多元一碗。

"也差不多吧，换算成人民币是 40 多元，里面还有牛肉。你可以通过几种方式看这个东西贵不贵：第一种是把卢布换成人民币，450 卢布也就是差不多 45 元人民币，跟国内同类餐厅也差不多，甚至还便宜一点；第二种就是跟普通俄罗斯人的收入比，比如一个月工资能买几碗面；第三种就是和过去比，看过去同样的一碗面，是比现在贵还是便宜，这些就要调研一下，或者查资料了。"妈妈说。

"卢布这几年贬值还是很厉害的，还记得我们 2008 年来的时候吗？我记得那个时候是差不多 30 卢布兑 1 美元，现在 65 卢布才兑 1 美元。"爸爸对妈妈说。

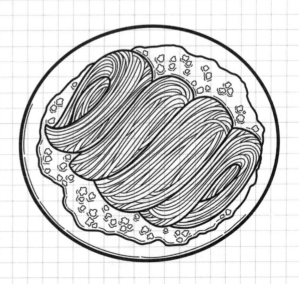

"确实，俄罗斯

通胀还是挺高的，一两年差别不大，几年的话就差很多了。"妈妈回复道。

"啊，这么复杂啊，还有美元。"我感觉爸爸妈妈越说越复杂，"我就看请客要多少钱就行了。"

"哈哈，你就把这个数字去掉后面的一个 0。"妈妈笑着说，"我们先点菜吧。点完菜再讲不同国家的钱的事。"

卢布的价格

在妈妈的建议下，我们点完了菜。

等菜的过程中，妈妈接着说："刚才我们提到卢布、美元、人民币，一般每个国家都有自己的钱，也就是货币。我们如果要用一种货币换另一种货币，就是用一种钱买另一种钱。比如我们用人民币换卢布，就是用人民币买卢布。跟我们在国内用人民币在市场上买吃的、买用的一样，买外国的货币也有一个市场。你还记得市场的供需关系图吗？"妈妈说着，在空中划了一个叉。

"啊，记得，供给曲线和需求曲线交叉，决定了市场的价格。"

"是的，所以刚才我们说 2008 年用 1 美元可以买 30 个卢布，而

2019 年用 1 美元可以买 65 个卢布，你说卢布的价格是上升了还是下降了？"

"30 到 65，上升了吧？"我很快说道。

"你再想想。"妈妈笑着说。

"嗯？不对吗？1 美元 30 个到 1 美元 65 个……哦，卢布变得更便宜了，因为同样是 1 美元，可以买更多卢布了！"

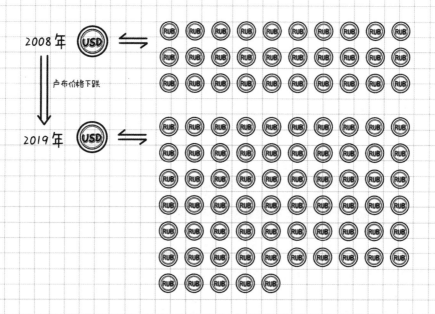

"对啦，卢布的价格下降了。"妈妈接着说，"需求和供给如何变化会导致价格下降呢？"

"嗯……如何变化？"

看我好像不太明白，妈妈接着说："如果需求变少了，就是想要卢布的人变少了，你觉得价格会怎样？"

"想要的人变少，价格下降啊！"

"对，如果供给变多呢？就是市场
上有很多人想卖卢布，价格会上升还是下
降呢？"

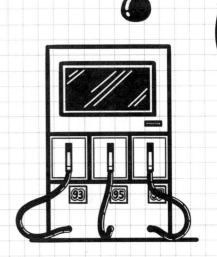

"哦，也是下降。"

"所以，卢布价格下降可能是对卢布
的需求变少了，或者是供给变多了。"妈妈
说道，"我们先看需求哈，你觉得我们什
么时候会需要卢布呢？"

"嗯？什么时候需要卢布？"我有点
不太明白这个问题的意思。

"你请我们吃饭需要吗？"爸爸提示我，指了指菜单。

"哦，需要。我们来俄罗斯玩的时候需要！"

"是的，我们来俄罗斯玩，相当于购买了俄罗斯的服务，比如
住酒店、吃饭、请导游、看演出、参观博物馆等。"妈妈接着说，"另
外购买俄罗斯的商品也需要卢布，比如俄罗斯卖给外国人最多的东
西就是石油和天然气。"

"就是我们的汽车加的油吗？"

爸爸见妈妈正在跟服务员说话，就接着回答："差不多，汽车
用的汽油是由石油加工而来的，石油还可以加工生产很多其他物

品，比如塑料，就是石油加工而来的。所以石油是一种重要的原材料，现代工业和生活都离不开它。"

妈妈转过头接着说："所以外国人对卢布的需求一开始是由于需要买俄罗斯的商品和服务，还有就是需要到俄罗斯投资，比如买俄罗斯的房子、在俄罗斯办企业等。从这两方面看，外国人对卢布的需求，实际反映的是外国人对俄罗斯商品的认可度和对俄罗斯投资前景的信心。就像你在电视上看到俄罗斯的教堂很漂亮，听到关于俄罗斯世界杯的事情，对俄罗斯产生了兴趣，所以我们就需要卢布来俄罗斯旅游。这个能明白吗？"

"明白了。"我点点头。

"同样，如果俄罗斯人想出国去旅游，买外国的商品和服务，或者到外国去投资，又或者外国人要撤回在俄罗斯的投资，就要把卢布卖掉，换成其他国家的货币，所以就有了基本的卢布的供需。但是这些需求在市场上并不是最主要的需求，你知道最主要的需求是什么吗？"妈妈继续问。

"不知道。"我想不出来还有什么情况是需要用卢布的。

"最主要的需求其实是通过对商品和服务的需求衍生出来的需求。因为有人要换卢布去买俄罗斯的商品或者资产，所以有人就专

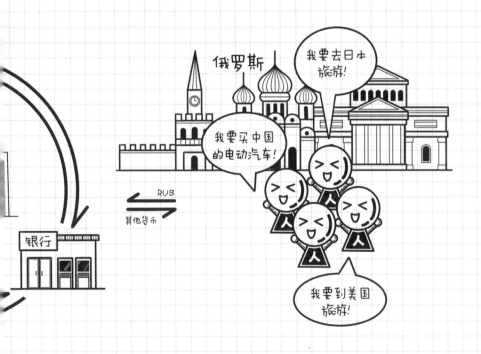

门开始从事买卖卢布的生意。比如我们在机场和商场里都看到有兑换外币的地方，这些兑换店提供零星的兑换，它们背后还有很多银行和金融机构，提供大额的兑换。另外你还记得妈妈之前给你讲过中央银行的角色吗？就像银行的妈妈，负责监管银行，并给银行提供后盾。"

"啊，有些印象，您说过银行要把钱存到中央银行那里。"

"是的，中央银行也会买卖本国货币或者外国货币。这些银行和金融机构，包括中央银行，很多时候不是为了给我们提供兑换而买卖货币，还有很多更复杂的原因，这个可能对于你来讲抽象和复杂了一点，可以先听一听，记住它们也是很重要的角色就可以了。有机会我们再展开讲。"

"哇，我们的菜来啦！"服务员端着盘子来到我们的桌子跟前，开始上菜。"我们后面再讲啦。先吃饭吧！"妈妈举起手边的杯子，对爸爸说，"我们先感谢小稳今天请我们吃饭吧！"

"谢谢小稳！也谢谢妈妈安排的快乐的俄罗斯之旅！"爸爸说。

"俄罗斯之旅快乐！"我们一同举杯说道。

也是花我自己的钱

　　"小稳，之前听妈妈说你都舍不得用零花钱给自己买爆米花，今天为什么主动用零花钱请爸爸妈妈吃饭呢？"在回酒店的路上，爸爸问道。

　　"嗯……怎么说呢？其实我也有点心疼的，特别是刚开始看到菜单上的卢布价格，我还想，天啊，我是不是会破产！后来妈妈说要除以10，我才放心一点。"我边想边回答道。

　　"那是咋下的决心呢？"爸爸接着问。

"不知道呢，就是觉得挺开心的，而且我觉得你们也会开心。"

"哈哈，这说明你长大了，愿意为家里的公共物品做出贡献了。"妈妈摸着我的头，笑着说道。

魔法碎片5
控制感
能够自己控制收入支出（即使只是零花钱）让我感觉自己长大了。

回到酒店，我也在想爸爸问我的问题。钱真是个很神奇的东西，捐钱开心，赚钱开心，省钱开心，花钱也会开心，爸爸妈妈还夸我长大了，就更开心了。我的零花钱好像有魔法一样，给了我自己一个独立的小世界，我可以自己做决定，有的决定很容易，有的决定有点挣扎，但这种自己做决定的感觉太好了。不过，钱的事也真是复杂，这

魔法碎片6
贡献
在有能力时，为公共物品做出贡献也是很开心的。

个大大的世界里好像所有的事情都跟钱有关，就像魔法一样把世界都联系了起来。以前妈妈给我讲的冰激凌和猪肉价格的规律，我都有点记不清楚了，今天讲的卢布

的价格也是有点难呢。我得把这些都记下来，以后才能投资赚钱啊！

我从书包里拿出一路带着的手账本，这是我最喜欢的手账本，本来是准备拿来记录作文素材的，结果一路上一个字都还没写呢，它是等着让我拿它来记录这些关于钱的魔法吗？啊，我就叫它"魔法金钱手账"吧。

魔法基本功练习

在哪些事情上你可以自己做主，哪些事情上需要爸爸妈妈的意见、帮助或是管理呢？和爸爸妈妈讨论一下吧。很可能你和爸爸妈妈的想法不一样哦。但是没关系，让爸爸妈妈知道你的想法，并了解爸爸妈妈对你的期望也是很好的事情哦。

你有没有为家里的"公共物品"做贡献的经历呢？不一定要花钱哦。是什么感受呢？

飞到1万米高

　　要坐飞机回家了，我让妈妈帮我安排了靠窗的位置，因为我喜欢看窗外的风景。特别是飞机起飞不久，还没有飞到云上面的时候，可以看到地面上的一切都越来越小，就像玩具模型一样，而且还是会动的模型。比模型更棒的是，可以看到很远，无边无际。我一直梦想自己可以飞，我想这就是原因吧。

　　这次我们起飞很晚，天已经全黑了，我正担心啥也看不见，但惊喜的是，夜晚的灯光好像更美。一些景物看不见了，但好像留下了更多的想象空间。飞机调整着角度，灯光也缓缓摇晃着，像是在跳舞。

　　"妈妈，您看，下面的灯光好漂亮啊！"我想让妈妈也欣赏这个美景。

　　"是啊，你看涅瓦河的轮廓好清楚，最亮的那一片应该是冬宫和对面的石头城堡。"妈妈也把头探向窗户，"再往外的暗处应该就是波罗的海了。"

　　"是的，这样看大海好安静啊，我们去夏宫的时候，看起来波涛汹涌的。"我想起我们去夏宫那天，海风阵阵，大夏天穿着羽绒服还觉得冷呢。

"嗯，在地面和空中确实会有很不一样的视角呢。你有没有觉得，在空中的时候，虽然地面的细节很模糊，却能清楚地看到各个景物之间的联系？"

"是哦，能看到涅瓦河这样流进了波罗的海！"我一边说，一边用手指划出涅瓦河的流向轨迹。

"妈妈记得以前看过一本书，里面引用过一位经济学家的话，他说，如果你希望理解一个问题，你需要先从3万英尺[1英尺≈0.304 8米]的高度向下看，然后再到地面看细节，然后再上升到300或3 000英尺，直到你能够看清楚这个问题。"

"3万英尺？有多高啊？"我问道。

"差不多1万米吧，讲英语的地方一般喜欢用英尺做长度单

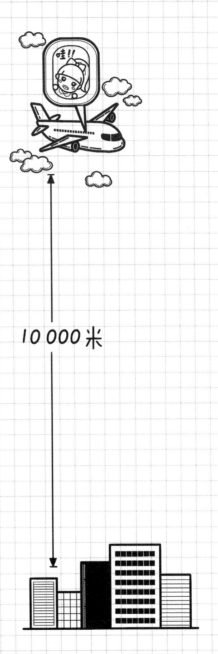

10 000米

位，我们用米。"妈妈解释道，"就是一般飞机巡航的高度，我们一会儿就能飞到那么高了。"

"哇，这么高啊！"我感叹道。

"是啊，到更高的地方，能够看得更多、更远，这样可以看到各个事物之间的联系。在夏宫的宫殿和花园里参观的时候你是什么感觉？"

"我觉得彼得大帝真有钱，修这么豪华的宫殿。"我笑着说。

"哈哈，是啊，我们会感觉沙皇的生活真是奢侈，俄罗斯夏天够凉快了，还要修这么大个宫殿来避暑。"妈妈也笑着说，"但是，当你在空中看到波罗的海通向遥远的大西洋的时候，你就会想起彼得大帝每年夏天到夏宫训练海军的故事，你就能感受到他面向海岸线，迎着海风，听着海浪的声音，为自己的帝国规划军事蓝图的场景。"妈妈停顿了一下，又接着说，"你还记得妈妈给你讲过的国家的大'生意'和宏观经济的概念吗？"

"啊，记得，我们讲过高铁、电动汽车，您说这个大'生意'跟每个人的小生意都相关。"

"是的，你不是在想有没有比在妈妈这存钱更好的投资方式吗？等你学的东西和经历的事情越来越多，你就会知道，有很多投资的方式，它们彼此都有很多联系，而且都跟国家的大'生意'相关。

昨天我们还讨论了不同国家的货币，这也跟不同国家的大"生意"相关。就像小河连着大河，大河连着大海，大海连着大洋……"

"啊，我明白了，就是想投资赚钱，就要学好您说的那个什么'宏观经济'是吗？"

"是的，而且不只是宏观经济，微观的也要学，这样才能理解各种事物的联系。就像那个经济学家的比喻，先到1万米看，再到地面，再到100米、1 000米。"

"啊，我知道了，您之前讲的冰激凌的价格就是在地面，国家的大'生意'就是在高空。"我觉得这还真是个有意思的比喻呢。

"理解得很棒！"妈妈竖起大拇指。

听到妈妈的夸奖，我好开心啊。不知不觉，我们已经看不见圣彼得堡的灯光了，隐约能看到下面的云层，我想我们应该已经在1万米的高空了吧。

魔法基本功练习

你有登高望远的经历吗？
回忆一下是什么感觉。

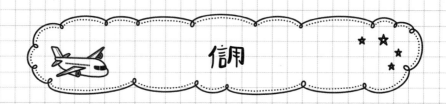

信用

欢乐的时光总是短暂的，回到家以后我就又开始了煎熬的假期每日"打卡"生活：运动、家务、阅读……还有这个假期新增的 KET（Key English Test，剑桥英语初级考试）模拟题。真的有好多事情要做啊，而且这个模拟题真的很多，做一套要好长时间。不过，我最近找到了一个快速完成任务的"诀窍"哦。嘘——这是我的秘密，不能告诉别人。

但是好景不长，这个"诀窍"用了几天之后，在一次检查模拟题的时候，我发现妈妈来回看了几遍，然后她指着其中一道阅读理解题问我："这道题为什么选 C 呢？"

"啊? 我看看。"我接过模拟题,但是怎么也看不进去题目,眼前一行行的英文单词好像火车一样在移动,我的心咚咚地跳,手心也开始冒汗,空气好像凝固了。

"你看看是不是答案抄串行了啊?"妈妈的语气变得非常严肃,"我就说怎么这几天模拟题都是全对呢,今天自己露出马脚了吧?"

我不敢回答,眼泪开始在眼圈里打转儿。

"这是你自己制订的打卡计划啊。"妈妈继续说,"你既然制订了计划,就应该认真完成。如果觉得没时间或者太辛苦,实在完成不了也没关系,我们可以商量调整计划,但是作弊抄答案是绝对不允许的! 这个星期都不要看电视了,这是作弊的惩罚!"妈妈越说声调越高,说完就离开了我的房间,门关得特别重。

"哇——"我扑到床上大哭了起来,我知道妈妈说得没错,但我真的很难过,不知道是因为"诀窍"被发现了,还是因为这周都不能看电视了,也可能是因为这次妈妈真的很生气,但我确实是难过极了。

不知道哭了多久,我好像快要睡着了。"咚咚咚……"有人在敲我的房门,但我并没有应答。隔了两秒钟,妈妈推门进来了:"我叫了两杯奶茶,你喝吗?"

奶茶? 我心里重复了一遍,翻了个身坐了起来,看见妈妈拎着一个打包袋。这是什么意思? 我心里嘀咕着。

"这个是焦糖珍珠的,这个是布丁的,你要哪个?"妈妈说着,走到床边坐下。

"我要焦糖珍珠的吧。"我低声说道。

"一会儿你把假期打卡的计划重新做一下吧。"妈妈一边说着，一边把奶茶递给我。

"哦。"我接过奶茶，发现脸上还有眼泪，赶忙擦了一下。

"小稳，你知道妈妈刚才为什么那么生气吗？"

我点点头："因为我作弊了。"

"是的，作弊不但得不到真正的练习，还会让你失去更宝贵的东西。"妈妈继续说，"那就是你的信用。"

"信用？是啥意思？"

"信用就是说到做到的意愿和能力。如今的社会，信用是很重要的，我们要彼此之间互通有无，所有的交换并不完全是在同一个时间发生的，让别人相信自己能说到做到，就是有信用。"看我一脸疑惑，妈妈接着说，"比如，你自己制订的暑假计划，就是对自己的承诺，妈妈相信你可以说到做到，所以并没有时时刻刻都在监督你，模拟题后面的答案也没有撕掉，而是让它保留在试题书的后面，好方便你做完题之后自己进行检查。但是如果你作弊，不履行承诺，妈妈以后就不敢完全相信你，这样你自己的便利和自由就会少很多，妈妈也需要花更多的时间监督你，我们两个人都有损失。"

"再比如，"妈妈继续说，"还记得上学期你帮同学们买挂坠吗？有的同学提前给了钱，如果你没买到或者忘记买了，就没说到做到，那就会影响你的信用，以后同学可能就不会再相信你了。"

"啊？那我可以把钱退给他们啊。"

"这也是解决问题的办法之一。但是，有的时候问题并不是这么好解决的，比如那些没有给钱的同学，如果你已经帮他们付钱买了挂坠带去学校，但他们又反悔不要了，你不能把挂坠退给那个姐姐，那你就亏钱了。而那些不付钱的同学就失去了信用，以后你就不会帮他们买东西了，或者至少得让他们先付钱才能帮他们带东西。"

"哦，确实是这样的。"

"所以，信用对维持正常交易是非常重要的，对于每个人来讲也很重要。妈妈也很重视在你这里的信用，答应你的事情都会尽力去兑现，因为我不想失去信用。"

"但是也有没做到的啊，上次班级秋游，您答应过要来的，但还是没来参加！"我抱怨道。

"啊，是的，所以我也还要继续努力啊。"妈妈微笑着说，"这也说明信用不仅是有没有说到做到的意愿，还跟能力有关，就像上次妈妈虽然很想去，但是因为临时需要出差，就去不了了，妈妈答应你的时候就过高地估计了自己的能力。"

"哈哈，您的态度还不错，下次注意了哈!"我终于也有教育妈妈的时候了。

"而且信用不但对每个人都很重要，对国家也很重要哦。"

"啊? 国家也有信用?"

"是啊，比如钱就是国家的一种信用。"

"钱是信用?"我感到不可思议。

"是的，我们一会儿再讨论，先喝奶茶吧。"

钱越多越好吗

不知道为什么，我觉得这次的奶茶特别好喝，奶香味很足，我也很喜欢焦糖的味道。而且，妈妈好像也开心起来了。"妈妈，您刚才说钱是信用，是怎么回事啊？"

"这个啊，"妈妈笑着说，"你觉得钱是怎么来的？"

"钱是怎么来的？上班挣来的啊。"妈妈这又是什么问题？

"那为什么爸爸妈妈的公司不直接发吃的、喝的给爸爸妈妈，而要发钱呢？"

"发钱多方便啊，自己可以想买什么就买什么。"

"是的，钱作为一种价值交换的媒介，给人们提供了很多便利。但是很早很早以前，人们是用物品交换物品的。比如我家种了大米，你家养了猪，我们俩就用大米换猪，这样我们就两样东西都有了。但是因为这样太不方便了，所以后来就有了一般等价物，而且是非常便于携带的那种东西，比如贝壳，先把大米和猪换成贝壳，再用贝壳去换想换的东西，逐渐贝壳就成了一种钱。你看汉字里面关于钱的很多字都是贝字旁。"

"啊，是的，我们语文老师讲过这个，比如账、财等。"

"后来，人们就用金、银、铜等贵金属替代贝壳，因为金属可以加工成不同形状和大小，而且不易变质。再后来，人们用纸币代替金属，就像我们今天用的钱这样，甚至今天我们很多时候连纸币也不用了，只需要用电脑记录一下就可以了，也就是数字货币。但这个纸币不是人人都能印，必须是国家的中央银行或者类似国家的货币当局才可以。"

"货币当局是什么？"妈妈讲着讲着就会出现一些我不懂的新概念。

"一般货币都是由国家的中央银行发行的，也有不是国家的，比如中国香港有港币，又比如好多个欧洲国家联合起来发行欧元。不过这些是特

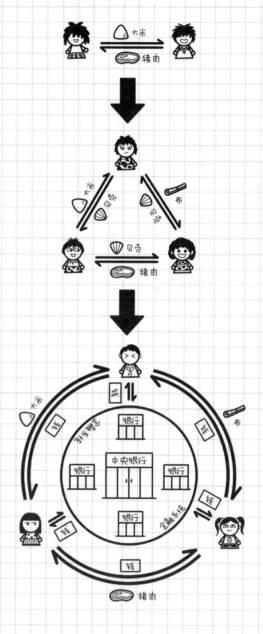

殊的情况，我们先考虑货币是由国家的中央银行发行的就行了，中央银行就是之前我讲过的，银行的妈妈。"

"哦，好的。不过这跟信用有什么关系呢？"

"马上就有关系了。"妈妈笑着说，"虽然纸币只有中央银行才能发行，但纸币不同于贵金属，贵金属是自然资源，开采有限，纸币几乎是央行想印多少就可以印多少。所以，究竟印多少呢？这是个复杂的问题，也是个非常关键的问题。"

"钱不是越多越好吗？"

"不一定哦，这就跟信用有关了。现在的纸币或者央行数字货币是中央银行想发多少就发多少，所以，钱的本质其实是一种信用。"妈妈停顿了一下，接着说，"大家之所以认为钱有用，是因为你周围的人都接受钱，你拿钱可以买到吃的、喝的，还可以买到自己想要的玩具。而周围的人都接受钱，是因为钱是中央银行印的，中央银行是代表国家的，钱有国家的信用做保证，国家保证你拿着钱可以买到吃的、喝的，也就是国家说到做到的能力和意愿。所以钱是国家的信用，而国家的信用也是有高低之分的。"

"啊？国家的信用也分高低吗？"

"是啊，你刚才不是问钱是不是越多越好。"妈妈接着说，"钱多了……但同时，如果买同样一个东西，需要更多的钱，那钱多了也没有意义了。你还记得以前吃饭的时候我们讨论过猪肉的价格吗？"

"猪肉价格？"
我努力在记忆里面搜索着，"想起来了，姥姥说猪肉非常贵，而且最近涨价特别厉害。您给我讲过，是因为那个什么弹性来着？"我不记得具体名字了，但我前两天找了妈妈以前画的图，有个特别陡的曲线。

"价格弹性，因

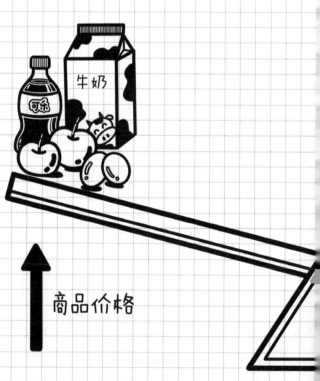

为猪肉需求的价格弹性比较低。"

"啊，对，我想起来了，价格弹性！"

"我当时讲过这个价格弹性的概念可以解释猪肉的短期价格变化，但对于长期变化，我们当时没讲。你还记得姥爷讲过一个事情吗？姥爷刚参加工作的时候，猪肉是几角钱一斤，但现在几十元钱一斤了。这就是妈妈想给你讲的通货膨胀。"

"通货膨胀？"

"通货就是钱。随着社会生产力的提升，人们生产东西的种类和数量越来越多，生产的效率越来越高，这些东西都要用钱买卖，所以当东西越来越多时，钱也应该越来越多，否则就会出现钱不够用、东西卖不出去的情况。但是当钱的增长速度大于东西的增长速度时，同样的东西对应的钱就会更多，

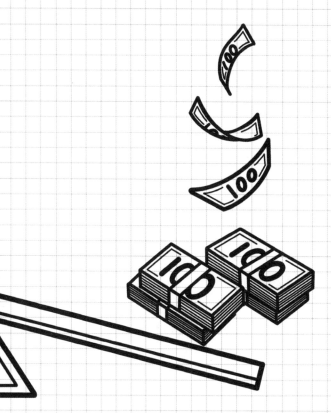

东西就会涨价了，这就叫通货膨胀，就是钱膨胀了。"

"哦，所以猪肉从几角钱到几十元钱就是因为钱印多了？多了这么多啊？"

"是啊，一方面是因为时间长，另一方面是因为有一段时间确实通货膨胀率很高。你看这是妈妈在网上查的从 1980 年到 2018 年的 CPI 增长率。"妈妈拿出一个很长的表格。

"CPI？"

"CPI 是英文 Consumer Price Index 的首字母缩写，翻译成中文就是消费价格指数，是把很多样我们平时常买的东西的价格合起来算一个平均的价格，每年计算这个平均价格的增长率，而猪肉是这些东西里比较重要的一个组成部分。比如我们看 1994 年的 CPI 增长率高达 24%，就意味着 1993 年这些东西如果卖 100 元，那到 1994 年就卖 124 元了。这个明白吗？"

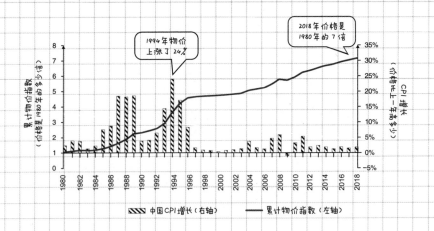

"明白了。"我点点头。

"如果我们从 1980 年开始（那时候姥爷刚工作不久，妈妈还没出生）把每年的 CPI 增长率累计起来，你看妈妈计算的这个，现在的价格是原来的 7 倍多。"

魔法基本功练习

　　这里又出现我们学习过的坐标系了，我们把时间轴从 2001 年开始倒推到了从 1980 年开始。另外，两个纵轴表示的内容也不同了。

"7 倍……猪肉从姥爷说的几角钱到几十元，那不止 7 倍啊。"

"那肯定不能完全一样，一方面姥爷刚工作那会儿，中国才刚刚开始发展市场经济，估计猪肉价格和 CPI 都没有那么市场化，参考意义有限，这又是另一个历史故事了，我们先不讲。另一方面是 CPI 还包含其他东西，有的增长没有猪肉这么多。还有就是目前的猪肉价格受短期供需关系变化的影响也比较大，长期看也可能降回去一些。"

"哦，明白啦。那这样看的话，等我长大了，岂不是东西会更贵啦？"我有些担心我的压岁钱了，"我的压岁钱以后就买不了现在能买到的东西啦？"

"会有这个影响的，不过妈妈现在给你的利息比物价的涨幅要多，比如你看去年（2018 年）CPI 涨幅 2%，你的压岁钱利率是 5%，用 5% 减去 2%，剩下的 3% 就是你的压岁钱的真实利率啦，而我们把 5% 叫作名义利率！"

"哦，所以把钱存在您那里还是有钱赚的。"这下我放心了一些。

"是的，投资也是抵御通胀的一种方式。如果钱放在那里不动，在通胀存在的情况下，也是变相贬值了。"

"那为什么要印那么多钱呢？不能把钱印得跟这个世界上生产的东西一样多吗？这样就不用担心钱贬值了啊。"

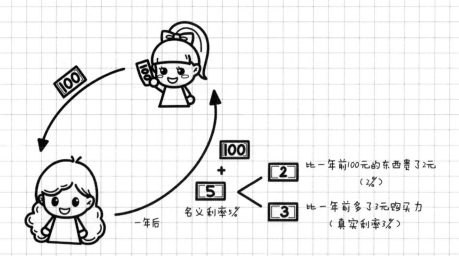

魔法基本功练习

查询一下目前的 CPI 增长率和银行存款利率（比如 3 年定期），分别是多少呢？这样看真实利率是多少呢？

"你这个问题问得太好啦！印多少钱确实是个复杂的问题，因为这个世界上的物品种类太多了，钱不仅可以拿来消费，还可以投资，可以买房子、买股票，可以换成其他国家的钱……而且钱的多少不是只由中央银行决定的，钱从中央银行到我们的手上，要经过复杂的金融系统，这个系统也能从一定程度上决定钱的多少，不过这是另一个复杂的问题，我们先不讨论。总之，要精确控制经济系统里的钱的多少是件非常难的事情，而钱的增长如果少于物品的增长，将是一件非常可怕的事，所以宁愿钱多一点也不能少了，只要不多太多就行了。"

"为什么钱少了是可怕的事情啊？"我问妈妈。

"我们刚才说钱多了会通货膨胀，东西会涨价，但是钱少了东西就会降价，我们把这叫作通货紧缩，跟通货膨胀是相反的。"

"东西降价也不是坏事啊，我们可以买更多东西了。"

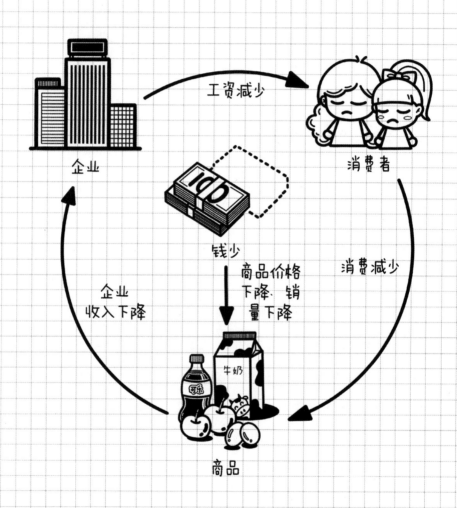

企业

工资减少

消费者

钱少

商品价格
下降 销
量下降

消费减少

企业
收入下降

牛奶

可乐

商品

"如果你站在消费者的角度看，可能是这样的。但是如果你站在生产者的角度看，要是你生产的东西卖不出去，或者价格越来越低，你只能降低员工的工资或者压缩材料的成本，要不然生意就做不下去。关掉工厂的话，员工甚至连工资都没有了。这样一来，员工看到自己的工资下降了，一方面会很不开心，另一方面也会减少自己的生活开支。人们的消费减少，就会减少其他商家的收入，其他商家又会降低他们的员工的工资，如此下去就会陷入恶性循环，经济就会倒退，人们都非常不开心，严重时甚至会带来社会动荡。"

"哦，原来是这样，这么看是挺可怕的，没想到印多少钱原来这么重要啊！"我感叹道。

"是的，有的国家缺少这种管理能力，短时间内印了太多钱，导致物价飞涨，比如短短几天就翻倍，这样钱在手里很快就贬值，所以大家就会争先恐后地把钱换成其他东西，比如日常用品、黄金、别的国家的钱等，造成抢购潮。这就说明这个国家失去信用了。"

魔法碎片7
信用
信用是说到做到的意愿和能力，信用对每个人都很重要。

"哦，这听起来也挺可怕的！"哇，我好像又发现了一个魔法碎片呢，信用还真是很重要，连国家都要好好维护自己的信用。

顺峰山的风筝

　　暑假过得真快，一转眼就开学了。虽然广东的天气一直都是那么热，但是太阳逐渐变得没有那么毒辣了。周末的时候，有不少人在楼下的河堤上放风筝，我也去放过一次。这个周末，我们全家人出门喝早茶。我最喜欢吃虾饺了，大虾仁鲜甜弹牙，外皮又韧又糯，我吃了好几个。吃完早茶后，妈妈说顺道去顺峰山转一转。

　　顺峰山公园好大啊，有大片的草坪和树荫，人也很多，有的搭了帐篷，有的在玩飞盘，有的在放风筝。

　　"我想放风筝——"弟弟嚷着说。

"哎呀,忘记把上次在楼下给姐姐买的风筝带来了。"妈妈说道,"看看那边卖风筝的有哪些款式吧。"

我们跑到一个风筝摊位前,真是琳琅满目啊。"我想要这个!"弟弟指着一个大鱼模样的风筝说道。

"这不是和姐姐上次在楼下河堤买的风筝一样吗?"妈妈笑着说道。

"哈哈,是啊!"我一看还真是。

"小朋友,这个风筝最靓了,25元哈。"摊主说道。

"25元?"我惊讶地说,"我上次买的一模一样的才10元!"

"不可能啦,一定是这个放线的地方不一样,我这个可以自动锁住的哦!"摊主说着把放线器拿给我们看。

这时又有几个小朋友来到了摊位前,叽叽喳喳开始选风筝。

"妈妈，我就是想要这个大鱼的风筝嘛！"弟弟着急地叫着。

"这个风筝再便宜一点吧。"妈妈跟摊主说。

"好啦好啦，看今天这么多小朋友，20元你们拿走吧，不能再便宜了。"

"好吧，那就这个大鱼的了。"妈妈说着，一边拿出手机准备付款，一边问我，"小稳，你呢？要哪个？"

"啊？20元还是比我原来那个贵很多啊！我再想想，嗯——这个气球多少钱？"我指着一个玉桂狗的气球问道。

"气球10元。"摊主回答道。

"那就要这个气球？"妈妈问。

我点点头，心想这个气球划算多了。

妈妈付好钱，弟弟高高兴兴地拽着爸爸放风筝去了。我拿着气球，突然想到一个问题："妈妈，您看我今天要是把之前那个风筝带过来，20元卖给弟弟，就能把之前买风筝的10元赚回来，相当于能再赚一个气球！"

"哈哈哈，你想得很对啊。"妈妈笑着说，"你这个做法叫作套利，就是利用同一件物品在不同市场的价差，在价格低的地方买入，然后到价格高的地方卖出，不但能把买入时花的钱赚回来，还能赚更多的钱。"

"对啊，这样就可以赚钱了啊！"我兴奋地说道。

"可以的，不过你还得考虑一些其他成本哦，比如借钱的利息，又比如运费。"妈妈补充道，"今天爸爸开车带大家来顺峰山公园，我们不用付钱，但是如果爸爸要加班，把车开走了，我们要自己打车或者坐公交车怎么办？那就还得把路费算进去。而且就算是爸爸开车我们不用给钱，但其实爸爸开车也是有成本的，比如要消耗汽油。"

"哦，是哦，还得把这些都算进去。"我有些失望，赚钱确实不容易。

"不过你发现这个现象是很好的啊，套利机会是普遍存在的。还记得吗？不同地方的市场价格是由当地的供给与需求决定的。"

"记得，有两条曲线。"我在空中画了一个叉。

"那天在咱们家楼下，小朋友比较少，而且天气没有今天这么好，所以风筝的需求不大，价格就便宜些。今天天气很好，风不大不小，小朋友又很多，看到别人的风筝很漂亮，又放得高，所以自己也想要，需求就旺盛了，价格贵一点也正常。这种局部市场的供需差异经常会有，所以总是有赚钱的机会的。但是随着想利用这些机会赚钱的人越来越多，机会就会渐渐消失。"

看着我脸上疑惑的表情，妈妈继续说："比如，如果卖风筝的摊主发现在顺峰山卖风筝比在其他地方赚的钱更多，就会有更多的人到顺峰山来卖风筝。我们是不是讲过供给增加的时候价格就会下降？如果不考虑运费之类的其他成本差异，顺峰山的风筝价格就会一直下降，直到和其他地方的一样。"

"怎么一会儿要考虑运费，一会儿又不考虑运费呢？"我听得有点迷糊。

"不考虑运费是一种简化。现实生活是很复杂的，但是如果我们过于关注问题的细节，反而可能抓不住主干。我们在分析问题的时候先抓住主干，理清楚脉络之后，再补充和研究细节，就更容易把问题分析清楚啦。还记得我们在飞机上说的吗？要看清一座城市，先飞到1万米的高空，虽然看不清楚细节了，但是可以看到河流和道路的走向，可以看清建筑物之间的关系，然后再回到地面，就是这个道理。"

"哦，记得记得，也像我们画漫画一样，老师让我们先确定构图、人物特征比例，再画出轮廓，最后再上色。"

"是的，太棒了，这是同样的道理。"妈妈开心地说道，"所以刚刚我们说的，顺峰山的风筝价格会与其他地方的风筝价格趋同，就是'一价定理'，意思就是说，在没有交易成本的开放市场中，一件相同的商品在不同的地方出售，其价格应该是相同的。"

"一价定理?"

"是的，这是个很简单但是很有用的定理。跟我们在俄罗斯讨论过的卢布的价格也有关呢！我们回家再详细讲吧。你看，爸爸和小有的风筝飞起来了呢！"我顺着妈妈指的方向望去，果然，那条大鱼飞得还挺高。

贬值好还是升值好？

晚上回到家后，妈妈拿着电脑走进了我的房间。"小稳，你看，我们白天在顺峰山提到的一价定理，其实不仅仅适用于一个国家的一种货币，还适用于不同国家的不同货币。也就是说，在没有交易成本的开放市场中，一件相同的商品在不同国家出售，如果以同一货币计价，其价格应是相等的。很多经济学家认为，一价定理可以部分解释长期的汇率变化。"

"汇率？"

"就是我们以前提到过的一种货币用另一种货币来计量的价格，我们上次在俄罗斯的餐厅吃饭的时候，把菜单上卢布的价格去掉一个0就大约是人民币的价格，也就是说卢布兑人民币的汇率为10:1，大约10卢布兑换1元人民币。"

"哦，明白了，那这和一价定理有什么关系吗？"

"上次在俄罗斯的餐厅吃饭时，我们提过，跟其他商品一样，卢布也有一个买卖的市场，卢布的价格也是由供需关系决定的。"

"记得讨论过，但不多……"我是有些印象，但当时想的更多的是什么时候能上菜，而且妈妈讲得还很复杂。

"没关系，再复习一下。"妈妈笑着说，"我们上次讲过，需要购买俄罗斯商品和服务的人，以及要去俄罗斯投资的人，需要兑换卢布，但这些需求只占卢布交易需求很小的一部分，市场中还有很多其他目的的交易者，有的是为这些需要投资和做贸易的人提供兑换服务的，有的就是为了通过货币交易赚钱的，央行有时也会主动买卖货币。所以卢布价格的变化受到非常多的因素的影响，也非常复杂，但是短期的各种因素可能在不同时期相互抵消，我们会发现，从长期来看，还是贸易和投资这类基本的需求决定着卢布的价格走势。"

"短期因素相互抵消？什么意思？"

"嗯……打个比方，还是以冰激凌为例，夏天的时候吃冰激凌的人会多一些，而冬天吃冰激凌的人会变少，在一年之中我们可能会看到因为季节的变化而带来比较大的冰激凌价格变化或者销量变化，但是如果把时间拉长到几年，然后看每年的平均价格，我们会发现冰激凌的价格或销量并没有像冬天和夏天的变化那么大，我们就说冬天和夏天因素对冰激凌消费的影响抵消了。"

"哦，这样就明白了，就像之前您说过猪肉价格也是短期变化比较大，长期可能降回去。"

"对，理解得很透彻。"妈妈继续说，"不知道你还有没有印象哈，我们之前提到过，爸爸妈妈 2008 年第一次去俄罗斯的时候，当时是 1 美元兑换 30 卢布。那我们假设有一样东西，比如你刚刚提到的猪肉，可以自由地从美国卖到俄罗斯，或者从俄罗斯卖到美国，所以符合一价定理。在美国，假如猪肉是 1 美元 1 斤，在俄罗斯猪肉应该是多少卢布 1 斤？"

"一价定理……就是说在美国和俄罗斯猪肉是一样的价格？"我有点不太确定。

"是的。"妈妈回答。

"1 美元等于 1 斤猪肉，1 美元等于 30 卢布，那就是 30 卢布等于 1 斤猪肉咯！"啊，好奇怪，这么一想还挺简单的。

"对的，如果到了 2019 年，我们再一起去俄罗斯的时候。在美国，猪肉还是 1 美元 1 斤，但是俄罗斯由于我们之前讲的通货膨胀，猪肉变成了 65 卢布 1 斤，你觉得美元兑卢布的汇率应该是多少呢？"

"通货膨胀啊？"我在脑子里极力搜索这个概念，"哦，想起来了，就是钱发得太多了。那就是，1 美元等于 1 斤猪肉，1 斤猪肉等于 65 卢布，所以就是 1 美元兑 65 卢布咯！"

"是的，太棒了！"妈妈高兴地说，"而现实中，影响长期汇率的商品价格不仅仅是猪肉的价格，还包括很多其他物品的价格。"

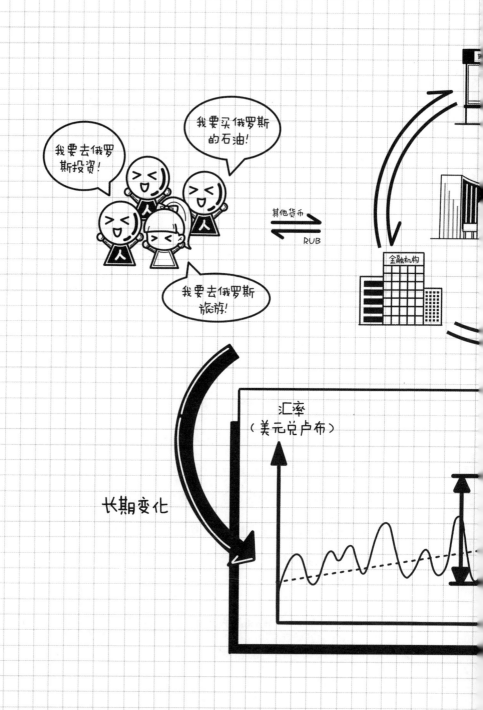

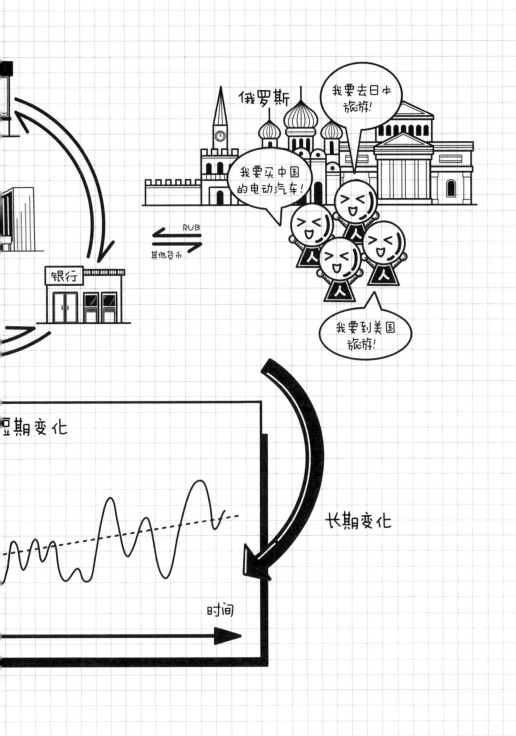

妈妈说着，打开电脑，找到一个她整理的表格，"如果我们看 2008 年到 2018 年美国和俄罗斯的物价指数变化就会发现，美国 2018 年的物价是 2008 年的 1.2 倍，而俄罗斯 2018 年的物价是 2008 年的 2.4 倍，俄罗斯物价的增长比美国快一倍，而卢布也差不多相对美元跌了一半的价值。不过这不是精确的哈，我们看大趋势就可以了，实际中并不是物价指数中所有的商品价格都符合一价定理，比如大部分服务是不能跨境交易的，可以跨境交易的商品也存在我们之前提到过的交易成本问题。"妈妈停顿了一下，"现在能看出来一价定理和卢布价格的关系了吧？"

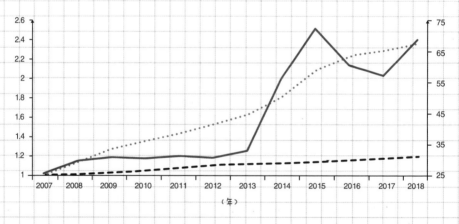

- - - - 美国物价指数（价格是2007年的多少倍，左轴）   ········ 俄罗斯物价指数（价格是2007年的多少倍，左轴）
——— 1美元兑换多少卢布，右轴

"明白啦，就是钱印多了，买东西贵了，而且对其他货币也贬值了。"

"是的，很棒了，理解透彻，不过我们要注意，这个多少不是绝对的，而是相对而言的，相对于本国生产的东西和外国对本国投资需求的多少。"妈妈补充道。

"那这样看确实不能发太多货币啊，贬值了多惨啊！"

"你觉得货币贬值了不好，是吗？"妈妈问道。

"贬值了不就相当于钱变少了，难道好吗？"听妈妈这么一问，我还有点犹豫了。

魔法基本功练习

  你喜欢吃麦当劳的"巨无霸"汉堡吗？你知道"巨无霸"汉堡也有理论吗？试试查询一下"巨无霸指数"或"Big Mac Index"，看看"巨无霸"跟前面讲的猪肉有什么关系。

"其实贬值和升值没有好坏之分，你觉得贬值不好，是因为你作为一个消费者，觉得我们的货币贬值了，去买外国的东西就买不了那么多了。贬值还有一个问题，就是不利于吸引外国的投资者。比如，如果我们 2008 年在俄罗斯买了一套房子，值 300 万卢布，就是差不多 10 万美元，即使 2018 年这套房子涨到 600 万卢布了，但是卢布兑美元变成65卢布换1美元了，这套房子连10万美元都不到了，用美元计价我们还亏钱了。"

"对啊，所以贬值很不好啊。"

"但是如果你站在生产者的角度看，生产出来的东西要卖到外国去，我们的货币贬值之后，在外国人眼里我们卖的东西是不是就更便宜了？那样就可以卖更多了。"

"这么看是哦。"

"还记得我们出国玩的时候，很多玩具店里卖的玩具上面都标有 Made in China（中国制造）吗？"

"哦，是的，我记得您当时给我看过标签。"我想起来之前买的那个大象玩偶。

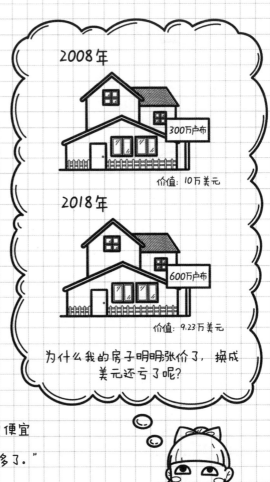

2008年

300万卢布

价值: 10万美元

2018年

600万卢布

价值: 9.23万美元

为什么我的房子明明涨价了，换成美元还亏了呢？

"很长一段时间里，出口都是中国经济增长的重要拉动因素，所以如果货币升值太多，会影响出口的竞争力，贬值太多，又会影响外国投资者的信心。"妈妈继续说，"不过有一点不管对谁都是很重要的，就是汇率的相对稳定和对汇率预期的稳定。"

"预期？"

"是的，预期就是我们对未来会怎样的看法。不管是企业还是个人，投资都要做计划，比如现在需要投入多少，未来能赚多少钱。如果预计未来跟现在比变化不大，那就更容易做出决定。如果完全不知道未来会发生什么事，那可能就很难做出决定了。"

"那就是跟通货膨胀一样，钱不能发太多，也不能发太少。但要掌握平衡很难啊！"

"是啊，还记得我们讨论过政府的神奇大'生意'吗？其实发多少钱也是这个大'生意'的一部分。"

"哦，就是政府收税，投资修高铁，然后大家挣更多钱，政府收更多税的大'生意'？"

"你总结得很好啊，这个大'生意'里其实有两个决策主体的配合，有点像两兄弟一样。哥哥管理如何收税，如何投资，做的是财政部门的工作，我们管其制定的政策叫政府的财政政策；而弟弟做的是中央银行的工作，管理整个社会有多少钱，我们管其制定的政策叫货币政策。"

"哈哈，银行的妈妈现在成了弟弟了。"我想起妈妈之前说过中央银行是银行的妈妈。

"哈哈，你还记得，那我们管中央银行叫妹妹吧。"妈妈笑着继续说，"哥哥做了投资之后，能不能收到更多的税，跟妹妹的管理也有很大关系。我们之前讲过，开通了高铁之后，人们的生活更便利，商业活动更多、效率更高，可以赚更多钱。但是我们也讲过，如果整个社会钱的总量跟不上商品增长的速度，也会使人们不愿意投资或者没钱投资，就赚不到更多钱，也交不了更多税。而如果钱太多了，物价涨得太厉害，货币贬值厉害，也会影响投资人的信心。有点像吹气球，金融系统就像进气口。只不过这个气球有点不一样，哥哥带领里面的人努力地往气球皮上补胶，如果气吹得太慢或者泄气了，那气球就越来越瘪，但是吹太多太快就容易爆炸。所以哥哥的大'生意'要想成功，必须和妹妹做好配合。"

"那这真是个复杂的'生意'啊！"我感叹道。

"另外，你还记得吗？以前妈妈还提到过哥哥做这个大'生意'也会借钱，而且有时候借的钱是不用还的。"

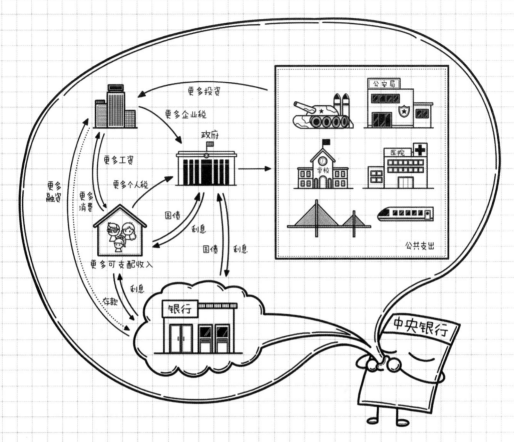

"啊，想起来了！我当时还想，怎么还有这么好的事情？！"

"是的，原因是哥哥借的就是妹妹放进这个气球里的钱。他们是一家人，而且他们的目的不仅仅是做'生意'。"

太好玩了，我们的大世界魔法图形成了多个循环！你看得出来吗？

企业融资

企业收入

薪资

零花钱买
玩具和零食

家庭消费

小稳的压发钱

存款协议

年利率3%
每月可提取
一定的零花钱

妈妈银行

银行存款

银行

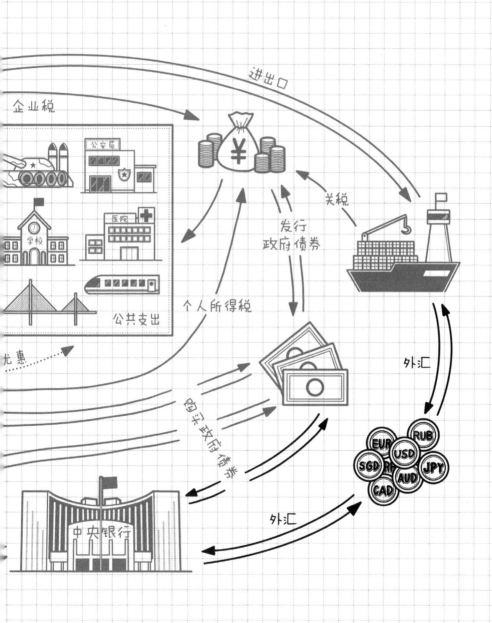

进出口

企业税

公安局

医院

学校

公共支出

关税

发行
政府债券

个人所得税

尤惠

回头政府债券

外汇

EUR RUB
SGD RP USD JPY
CAD AUD

中央银行

外汇

魔法必修课 13: 货币的本质

货币一般由中央银行代表国家发行，是国家的信用。

魔法必修课 14: 通货膨胀

货币供给大于商品和服务产出，导致物价上涨。

魔法必修课 15: 套利

利用同一件商品在不同的市场的价差，在价格低的地方买入，然后到价格高的地方卖出，赚取差价。套利需考虑各种交易成本。

魔法必修课 16: 一价定理

一个国家的货币价格可以用另一个国家的货币去衡量，例如 30 卢布兑换 1 美元。货币的价格也由货币的供需决定。影响货币在外汇市场供需的主要因素有：

1. 外国对本国商品、服务的需求，本国对外国商品、服务的需求。

2. 外国对本国投资／撤资的需求，本国对外国投资／撤资的需求。

3. 由以上需求衍生的金融服务和短期投资需求。

4. 本国央行的货币政策。

把时间拉长，第 3 点的影响逐渐变小，一价定理（两国之间的汇率变化跟随两国的可贸易物价变化）可以在很大程度上解释汇率的长期变化。

魔法必修课 17: 货币政策与财政政策

货币贬值或升值没有绝对的好坏，中央银行需要做好通货膨胀和汇率的平稳管理，与财政部门做好配合，促进经济增长。

第7章

不只是大"生意"

"妈妈用'生意'比喻国家怎么用钱和管理钱，是为了方便你理解这里的经济规律。但这跟企业做生意还是有根本区别的。企业做生意，主要的目的是赚钱。企业有时候也做慈善，但做慈善不是企业的主要义务。而国家用钱的目的，并不是单纯为了有更多的财政收入，而是要帮助国家实现国家利益，有充足的财政收入只是实现国家利益的途径。"

　　"国家利益？"

　　"就是国家生存和发展的必要条件，比如国家安全、领土完整、社会稳定、经济繁荣、人民幸福等，这又是个比较复杂的问题啦。打个简单的比方，就像一个人和一个家庭一样，爸爸妈妈赚钱是为了让我们的生活更幸福，也是希望实现自身的价值，赚钱只是一种途径，而不是目的。我们的幸福生活还跟其他因素有关，比如健康，比如我们之间的爱。你长大以后也会明白的。"

　　"嗯嗯，这个我明白。"我点点头。

　　"所以政府花钱也跟做生意不一样。"妈妈接着说，"我们之前讨论政府在哪些地方花钱的时候，讲过修高铁、做科研、办教育、办医院、维持国防和治安，但还有一个很重要的支出妈妈没有讲，那就是转移支付，就是对富裕的人多收一点税，对不富裕的人少收一点

税，甚至不收税，把富裕地区税收的一部分，用到促进相对贫困的地区和贫困的人群的发展上。"

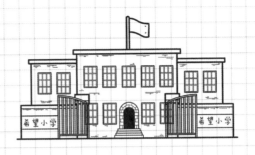

"哦，就像我们做慈善义卖一样，把筹集到的钱捐给贫困山区的小朋友，这样他们也有牛奶喝，也有钱买书了。"

"是的，这样一方面有利于促进社会公平和稳定，另一方面也有利于促进经济发展。你知道为什么吗？"

"为什么啊？"

"还记得我们以前讲过一个概念叫'边际成本'吗？就是每多生产一个产品需要增加的成本。"妈妈问道。

"啊，好像记得，您讲过多一个人坐高铁没有边际成本。"

"对的，还有一个相关概念叫'边际效益'，就是每多花一元钱成本能够增加的效益。"妈妈接着说道，"假如一个人已经吃饱穿暖，有车有房，还有100万元存款，你再给他1万元，他很大可能会把这1万元存起来，而不是拿去消费。而我们之前讲过，存到银行的钱会被借给企业去投资，如果投资过多，而消费又增长得不多，就会投资过剩，投资就会亏钱。但是如果一个人还吃不饱穿不暖，你给他1万元，他很大可能会拿这1万元去买吃的喝的，这样的消费就能增加企业的收入，从而促进企业投资和收入之间的平衡，从整个经济发展来讲，就会更健康。这样，我们就说对于整个社会来讲，这

1万元花在相对贫困的人身上的边际效益要大于花在相对富裕的人身上。"

"但如果投资的钱不够也会有问题吧?"

"是的,这是个很好的问题。如果对富裕的人收的税太高,又会打击他们赚钱的积极性,因为赚得越多,自己留下的比例反而越少。"妈妈说道,"而且过多地补贴贫困的人虽然可以帮助他们满足基本需要,也可以给他们提供更好的机会,但也有可能让一些因为懒惰而贫困的人失去努力的动力。所以这也是一个需要平衡的事情。"

"啊,需要平衡的事情可真多啊!"

"是的,让大家都感到公平是件很不容易的事情。你不是也经常觉得自己受到不公平的待遇吗?"

"对啊,像我们平时在学校表现好的同学,老师都不怎么表扬,平时表现不好的同学只要稍微有一点进步,老师就会使劲儿表扬。"

"哈哈,老师的表扬就像那1万元,给表现好的同学可能很难帮助你们表现得更好,但是给平时表现不好却又有进步的同学可能就可以促进他们有更多进步。这样整个班级就更好管理了。所以老师从更好管理班级的角度,把表扬多给暂时落后的同学可能有更大的边际效益。"

"啊? 但是我还是觉得不公平呢。"

"站在你的角度确实会认为不公平,但其实绝对的公平是不存在的,老师如果用完全同样的标准要求每一位同学,那在某一个标准上相对落后的同学又会觉得老师没有公平地给予他们发展的机会，或者认为这个评价标准本身就是不公平的。所以站在老师的角度，就像国家用钱要努力兼顾公平与效率一样，老师也需要努力平衡不同学生的发展机会和积极性，尽量做到相对公平。你看老师不是也把很多机会给了你吗？比如代表班级参加演讲比赛，参加学校评优之类的啊！而且，你把眼光放长远一点，如果相对后进的同学能够有更多进步，那么你们班上的整体学习氛围也会更好，班级会获得更多的荣誉，你自己也会有更好的学习环境和更多机会，所以对你也是有利的。效率和公平其实是相辅相成的，促进公平也可以提高效率。"

"这么说也好像是哦。"虽然我还是觉得老师应该一视同仁，但妈妈说的话也很有道理。

"所以你看，用长远的眼光，站在别人的视角，尤其是更大一点的视角去看问题，是不是会更清楚？"

"我知道，站得高，看得远嘛！我们先要飞上1万米高空去看！"

魔法碎片8
视野
用更宏观的视角能看到更多的联系，用长远的视角能平衡更多矛盾，用对方的视角能解决更多问题。

"是啊，这就是宏观经济的魅力啊！你以后感兴趣，还可以自己去学习和研究更多。但也不要忘了，飞上高空后再降落下来脚踏实地研究细节哦。"妈妈微笑着说，看得出，她很开心。

到这里我就把大世界的魔法图都画完啦! 我们再看看小世界的魔法碎片收集得怎么样了。

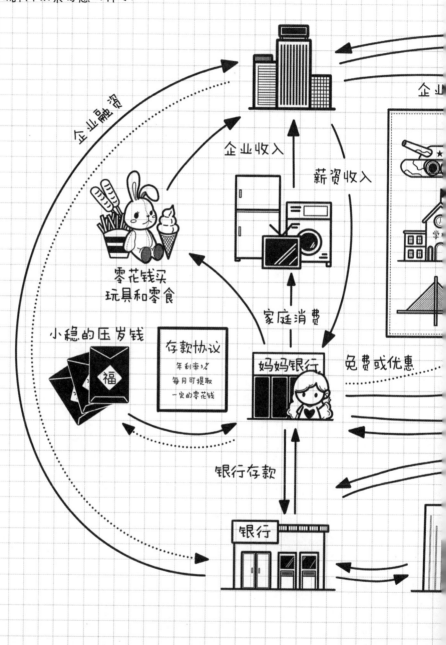

企业融资

企业收入

薪资收入

企业

零花钱买
玩具和零食

小稳的压岁钱

存款协议
年利率3%
每月可提取
一定的零花钱

妈妈银行

家庭消费

免费或优惠

银行存款

银行

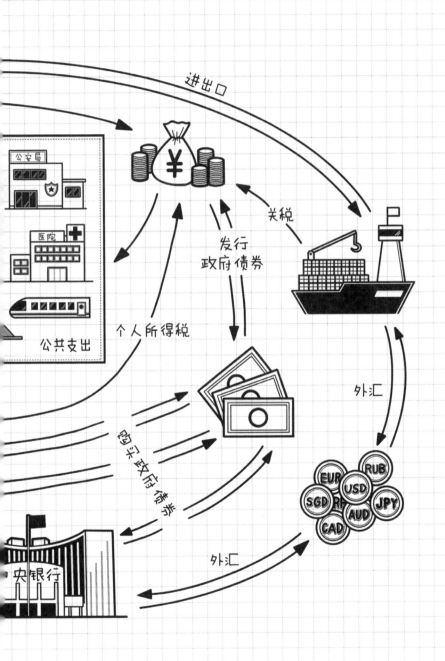

进出口

公安局

医院

公共支出

个人所得税

发行
政府债券

关税

购买政府债券

外汇

外汇

央银行

EUR RUB
SGD RF USD JPY
CAD AUD

小世界魔法碎片也收集齐啦!

花钱

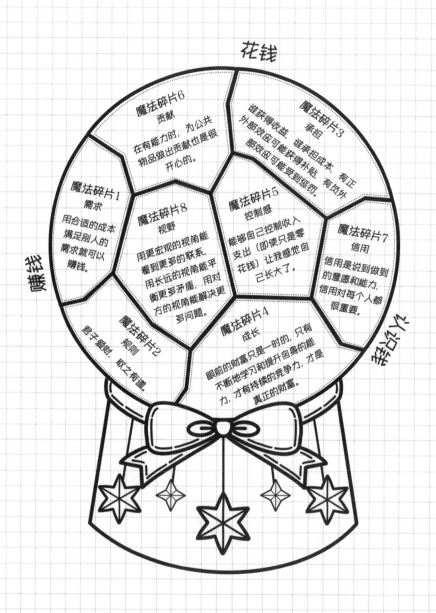

魔法碎片6
贡献
在有能力时,为公共物品做出贡献也是很开心的。

魔法碎片3
承担
谁获得收益,谁承担成本,有正外部效应可能获得补贴,有负外部效应可能受到惩罚。

魔法碎片1
需求
用合适的成本满足别人的需求就可以赚钱。

魔法碎片8
视野
用更宏观的视角能看到更多的联系,用长远的视角能平衡更多矛盾,用对方的视角能解决更多问题。

魔法碎片5
控制感
能够自己控制收入支出(即使只是零花钱)让我感觉自己长大了。

魔法碎片7
信用
信用是说到做到的意愿和能力,信用对每个人都很重要。

赚钱

魔法碎片2
规则
君子爱财,取之有道。

魔法碎片4
成长
眼前的财富只是一时的,只有不断地学习和提升自身的能力,才有持续的竞争力,才是真正的财富。

帮助别人

魔法必修课 18：边际效益

边际效益是指每多一单位支出所增加的效益。

魔法必修课 19：公平与效率

政府花钱不仅仅是一盘"生意"，还要兼顾公平和效率，让所有的人都变得更幸福。

　　到这里我们就完成了大世界魔法必修课的学习，也收集完小世界里所有的魔法碎片，可以用魔法碎片开始合成魔法了哦！你的基本功练习得怎么样了呢？有没有发现现在我们看到了大世界的更多联系？你的小世界更有能量了吗？那么恭喜你，你已经合成魔法啦！

　　但妈妈跟我说这只是初级魔法哦，要想拥有更强大的魔法，就要继续练习更高级的基本功，学习更多的必修课，并收集更高级的魔法碎片哦。我要继续努力啦！你也可以试一试哦。

魔法金钱外传

　　新一年的校园跳蚤市场又要开市啦，小稳正在为参加义卖做准备，不过她遇到了一些问题，快来看看能不能运用你在"魔法必修课"中学到的"魔法"帮她一起解决问题吧。

1. 小稳打算拿一些自己看过的漫画书去跳蚤市场卖，但她还没想好卖多少钱，她需要考虑以下哪些因素呢？

A. 跳蚤市场上其他二手漫画书的价格

B. 跳蚤市场上玩具的价格，比如漫画手办

C. 同学是否喜欢看她带去的漫画书

D. 每个同学可以带多少零花钱去跳蚤市场

2. 小稳知道她的同学小彤也打算带漫画书去跳蚤市场上卖，但后来小彤有事请假不能来参加跳蚤市场的活动了。

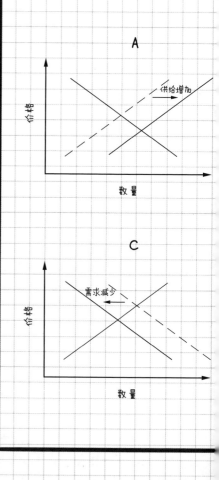

闯关开始！

闯关一

那与小稳之前的预期相比，跳蚤市场的漫画书供需曲线会如何变化呢？

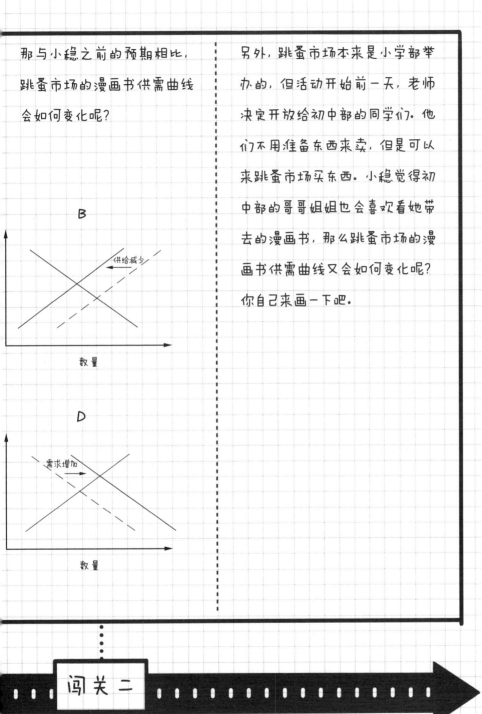

另外，跳蚤市场本来是小学部举办的，但活动开始前一天，老师决定开放给初中部的同学们。他们不用准备东西来卖，但是可以来跳蚤市场买东西。小稳觉得初中部的哥哥姐姐也会喜欢看她带去的漫画书，那么跳蚤市场的漫画书供需曲线又会如何变化呢？你自己来画一下吧。

闯关二

3. 小稳在跳蚤市场上卖了5本漫画书，每本10元钱，她把收到的钱存进银行，每年利率为4%，第一年末，小稳收到的利息是＿＿＿＿＿元。如果她把这笔利息以同样的利率和本金一起存进银行，到第二年末，小稳连本带利一共有＿＿＿＿＿元。

4. 过年了，小稳和小有的愿望清单应该由谁来买单呢？帮他们连连线吧

A 小稳爱看的 系列小说	B 增添过年氛围的 百合花和蝴蝶兰	C 小稳推荐全家 一起玩的桌游	D 小有爱玩的 机器人

甲 小有的私人物 品，小有自己用 零花钱买单	乙 全家人的公共 物品，由妈妈 买单	丙 小稳的私人物 品，小稳自己 用零花钱买单	丁 小稳喜欢， 有正外部性 爸爸可以赞

闯关三

闯关四

5. 小稳和小有帮妈妈准备年夜饭的食材，小稳一分钟剥 30 颗毛豆，小有一分钟剥 10 颗毛豆，小稳一分钟洗 12 颗青菜，小有一分钟洗 10 颗青菜，他们俩各有 5 分钟时间，如何分工能够使得两人的产出最多呢？（假设 2 颗毛豆相当于 1 颗青菜）

A. 小稳花 5 分钟洗青菜，小有花 5 分钟剥毛豆

B. 小稳花 5 分钟剥毛豆，小有花 5 分钟洗青菜

C. 小稳花 3 分钟洗青菜，2 分钟剥毛豆；小有花 3 分钟剥毛豆，2 分钟洗青菜

D. 小稳花 3 分钟剥毛豆，2 分钟洗青菜；小有花 3 分钟洗青菜，2 分钟剥毛豆

6. 过完年，爸爸妈妈带小稳和小有去美国旅游，小稳发现类型相似的电动汽车在中国的售价约 24 万元人民币一台，在美国的售价约为 3.5 万美元一台。现在人民币和美元的汇率约为 1 美元兑换 7 元人民币。如果仅以电动汽车的价格为依据，根据一价定理，未来人民币相对美元是会升值还是贬值呢？

A. 升值

B. 贬值

C. 不升值也不贬值

D. 不能判断

闯关五

闯关六

7. 寒假很快过完了，新学期开始了，上学期末小稳数学考了 98 分，英语考了 90 分，语文考了 85 分。假设这三个学科都符合下面的规律：从 85 分到 90 分，每提高 1 分需要多花 1 天的复习时间，从 90 分到 95 分，每提高 1 分需要多花 2 天的复习时间，从 95 分到 100 分，每提高 1 分需要多花 3 天的复习时间。这个学期小稳如果有 9 天的复习时间，要使得三科总分提升的分数最大，应该怎么安排复习时间呢？

A. 9 天全部复习数学

B. 9 天全部复习英语

C. 9 天全部复习语文

D. 3 天复习数学、3 天复习英语、3 天复习语文

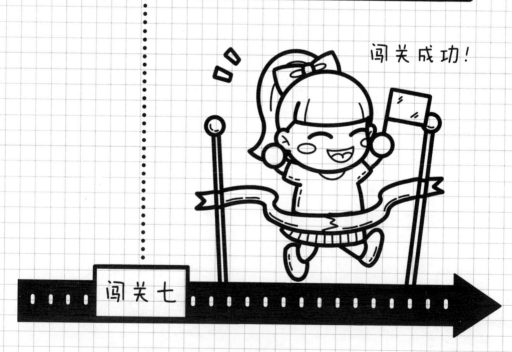

闯关成功！

闯关七

解决了前边的问题以后，有没有觉得你对"魔法必修课"更熟悉了呢？要不要和爸爸妈妈一起玩个游戏比拼一下？来玩这个简单又有趣的"我想你猜"游戏吧。

首先，随便想一个书里面提到的概念或词语（想不到的话，可以任意翻开一页，第一眼引起你注意的词语就是啦），然后让爸爸妈妈来猜你想到的是什么词语。规则很简单，爸爸妈妈可以问任何问题，但你只能回答"是"或"不是"（不能回答"是"或"不是"的问题是无效的，要重新提问）。看看爸爸妈妈能在几个问题之内猜到你想的是什么词语吧。猜到之后就交换角色，看谁猜得更快。

例如：你想到的词是"人民币"

问：是有生命的吗？

答：不是

问：是我们家里有的吗？

答：是

问：是需要用电的吗？

答：不是

......

　　来试试吧，看看是提问题更难还是回答问题更难，看看谁能更快地缩小范围接近答案，看看在分类和总结的时候，不同的人是不是有不一样的脑回路。

　　是不是觉得书里面的词语限制了你的思路呢？那就释放你的想象力，让它随意停留在一个你觉得有趣的词语上吧。坐车的时候、吃饭的时候、排队的时候……只要互动起来，你会发现手机屏幕的阻隔变少了，更多的是"恍然大悟"的感慨和"心有灵犀"的欢乐。

参考答案:

1. ABCD

2. B;

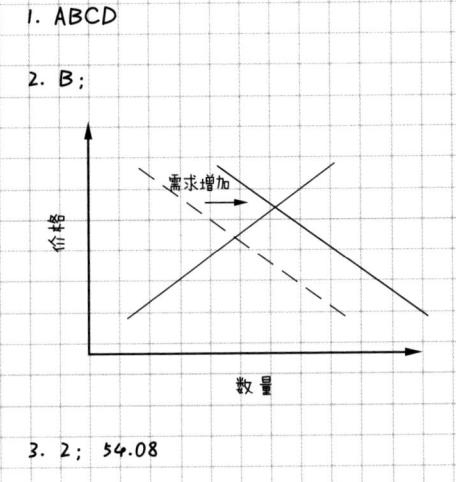

3. 2; 54.08

4. A-丙, B-乙, C-丁, D-甲

5. B

6. A

7. C

致谢

感谢我的爸爸妈妈和公公婆婆，他们对家庭的无私奉献和无限关爱让我有更多的时间与精力去学我想学的东西，做我想做的事情。特别是我的妈妈，无论是育儿还是上老年大学，她都在不断地学习新事物，是我的榜样，在孩子们的健康成长上，她也分担了我不止一半的责任。

感谢我的丈夫，我们是相爱相慕的伴侣、彼此精神的支柱。他的支持让我不断地尝试新的挑战，他的提醒让我不断地反思经验与教训。

感谢我的两个孩子，小稳和小有。作为本书的主人公，小稳平时的疑问和思考为本书贡献了丰富的原始素材。与小稳和小有平时的互动，也让我得到了非常多的灵感和启发，本书也有他们的智慧。

感谢推荐本书的各位老师、专家、学者、企业家和高级经理人，他们在各自专业领域取得的成绩是我的榜样，他们都在我的财经知识学习和人生道路规划上给予了我很多启发。

感谢本书的编辑晓春老师，她的远见给本书的出版创造了机会，她的追求给我的创作提出了更高的要求，她的耐心和专业能力为我这样的新手作者提供了巨大的帮助。

感谢我的搭档曾妍，我们看起来是如此不同，相处下来却又有如此多的相似之处，创作本书的神奇缘分让我们走到一起。我也在与她的讨论中获得了很多创作灵感，我们的合作让本书的创作过程充满了欢乐。

在我的创作道路上还有很多亲人和朋友给予了我宝贵的支持和鼓励，篇幅所限，不能一一感谢。

最后，感谢阅读本书的你，是你的阅读让我的分享更有价值和意义！

左莹